# 統計学
# わかりません!!

五十嵐 中＋佐條麻里◉著

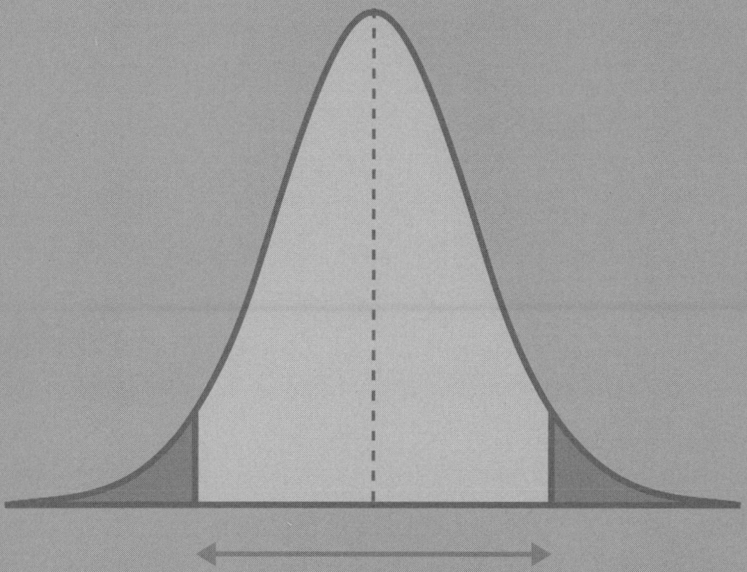

東京図書

# はじめに

みなさん、こんにちは。五十嵐中です。

この本を手に取って頂き、ありがとうございます。『統計学わかりません！！』のタイトル通り、どちらかと言えば統計になじみの薄い人、統計をどうしても使わざるを得ない人、少しでもわかるようになりたい人、数字は苦手だけど何とか読めるようになりたい人――をターゲットにして書きました。もちろん、統計が得意な人や武器にしたい人にも、役に立つ情報を盛り込んでいます。

皆さんが日常に目にする、あるいはこれまで目にしてきた数字の中にも、統計の考え方はこっそりと、しかし着実に活かされています。先週見たドラマの視聴率も、ニュースで目にした経済指標も、高校受験や大学受験の時に一喜一憂した偏差値も、風邪を引いたときに飲んだ薬も、統計の考え方に基づいて導かれた数字です。

「テレビの視聴率や世論調査、あんなわずかな例で、もっともらしい数字が出せるのか？」「ニュースで聞いた日本の平均所得って、自分のよりもはるかに高い。自分って負け組だったの？」「この前飲んだ薬、ホントに効いてるの？」…この本では、こうしたありがちな疑問からスタートして、疑いを晴らすために必要な知識を紹介し、後ろにある原理を解きほぐしていきます。

「そもそも数字なんてあてにならない！」「どうせ騙そうとしてる！」のように、数字の力、統計の力を全否定するのは簡単です。ただ、皆さん自身が何かを伝えたいときに、数字を使わずにできることは、やはり限界があります。目の前にあるもっともらしい数字のデータが、ちゃんとした手法で導かれたものなのか、あるいは騙すために粉飾されたものなのか。正しい扱い方を知ることは、数字を読むときだけでなく、自ら数字を伝えたいときにも役に立ちます。正しい「疑い方」と、疑われても平気なデータの作り方・まとめ方を、一つ一つ紹介していきます。

「どうしても、数字は見たくない」…ごもっともです。統計と数字、統計と数式は、切っても切れない部分もあります。ただ、可能な限り具体例で説明しつつ、必要最小限の部分、定義や計算のところだけは数字と数式を説明する形でも、基本的な手法は十分に網羅できます。自分が学生時代に「数式まみれ」の教科書で苦労させられたことを思い出しつつ、できる限り直感的に、解説を加えていきます。

これまで、主に医学・薬学の分野をターゲットにして、同じ「わかりません」を冠した本を4冊ほど出してきました。今回はできるだけ理系の色を薄めて、すこし幅広めに数字の読み方を学ぶスタイルで書き進めてきました。

医学や薬学の話はややもすると「万人受けしない、専門的な話」に偏ってしまいますが、万人受けしなかった話が、いきなり注目を浴びることになります。言うまでもなく、2020年初頭から世界のあり方を変えてしまった、新型コロナウイルス感染症です。

この半年で状況は全く変わりました。「感度」「陽性率」「観察研究」…統計分野だけで使われてきた言葉を、一般ニュースや情報番組で日常的に目にするようになりました。登場頻度が増えてきて、さまざまな人が使うようになった分、ことばの誤用や数字の一人歩きの危険性もより高くなっています。

共著者の佐條さんは、感染症が猛威を振るうニューヨークから一時帰国してきました。情報の洪水に惑わされるのは、東京もニューヨークも一緒です。佐條さんのお話を聞きつつ、感染症関連でよく出てきた「検査の感度と特異度」「臨床研究のデザイン」「超過死亡」について、全面的に加筆しました。

多くの人は、統計の「使い手」よりも、統計の「読み手」を目指しているはずです。出てきた数字、示されたデータを正しく疑い、正しく読み取る技術を、みなさんが学び取るお手伝いができればと思います。

2020年9月

五十嵐 中

# Contents

カバーデザイン　山崎幹雄デザイン室

# 1章

# 統計、データ、ホントに必要？
## ――平均値・中央値などの代表値

**S** おはようございます！

**A** おはようございます！　この本では、多くの人が苦手？ にしている数字の読み方、統計学を、一緒に考えていきましょう。

**S** 数字の読み方と、統計学ですか？　数字はいつでも目にするし、統計ってことばもしばしば聞くようにはなりました。でも、大事なのはわかるけど、どちらかといえば今まで敬遠してきたかも…

**A** 統計大好き！ 数字大好き！ のような人はレアで、多くの人はさじょーさんと同じように、できるだけ使わなくてすむように…とか、試験だけは通れるように…とか、あまりよい印象がない人が多いかな？ と思います。

**S** 好きじゃないと、この本は読めないですか？

**A** いや、そんなことないですよ。この本では、大多数の「数字や統計、大事なのはわかってるけど、とっつきにくくて…」のような人たちのために、話を進めていきます。タイトルにもあるとおり、**「わかってます！」の人ではなくて、「わかりません！」の人がねらいです。**

**S** うーん…統計学の授業は何回か受けてみたけど、たしかに「わかりません」でした。最初の方、期待値の話とかはなんとかついて行けたけど、検定？ あたりからどんどん数式が出てきて、置いてきぼりになったかも…

**A** 文系でも理系でも、同じように「置いてかれた」人は多いかな？ と思います。この本では、どうしても必要なところは数式を入れますが、できる限り抑えつつ「ことば」で理解してもらうことを目指します。

S その方が、ありがたいかも。

A そうですね。そしてほとんどの人は、自分で数字を出すよりも、むしろいろいろなデータに触れる機会のほうがずっと多いですよね。

S 確かに…むしろいろんなデータを見たときに、どう解釈すればいいの？ とか、怪しそうな感じがするけど、何が怪しいのかうまく説明できない…とか、そんなときに「統計わかってればなあ…」って思ったりしました。

A 大事なところですね。理解しづらいところがあったときに、どうせ統計なんて信用できない！ と切り捨ててしまう人もいるでしょう。でも、単に切り捨てるのでなくて、「どんなところがおかしいの？」を判断して、数字の限界を理解することが大事です。

S 何が正しいかがわからなければ、何が間違ってるかもわからない…ってことですよね？

A ですからこの本では、いろいろな例を使って、統計の正しい扱い方をお話ししていきます。

S なるほど！　どんなお話からでしょうか？

A 統計のキホンは、目の前で起きている現象を数字を使って「まとめる」「比べる」ことです。データそのものをただ羅列するだけではわからないことが、「まとめ」て「比べ」ると見えてきます。

S 正しくまとめられて、正しく比べられれば、ちゃんと統計を使えたことになりますか？

A その通りです！　逆に、同じデータでも**まとめ方や比べ方を間違えると、全く的外れの結論が出てしまいます**。ですから、まとめ方や比べ方を理解するのはとても大事なことですよ。

S じゃあ、最初はまとめ方の話ですか？

A もう少し具体的に言えば、**平均値**などの、データの代表値のお話をします。統計に全く触れたことのない人でも、小学校や中学校のどこかで、平均値は聞いたことがあると思います。最もポピュラーで、皆が最初に目にする「統計っぽい値」＝平均値を、最初に掘り下げてみましょう。

Ⓢ おねがいします！



## 1 代表値の意味はなあに？

Ⓢ 平均値って、計算式とか意味はあまり深く考えてなかったけど、少なくとも中学生の時にはふつうに出てきてました。全部足して個数で割る…みたいな感じで。いろんな科目のテストの点数とか、似たような数字が2つ以上揃ったら、とりあえず平均値を出していたかも…。

Ⓐ 平均点なんかは、まさにそうですね。1人で1科目のテストならそのままでよいけど、科目が複数になったら、バラバラのままで扱うのはちょっと難しくなります。科目が1つでも、クラス全員の点数を調べれば、やはり数値が複数になりますよね。

Ⓢ データが複数あるから、なんとかしてまとめないといけない、ってことでしょうか？

Ⓐ その通りです！　まずは平均値ありき、ではなくて、たくさんある数値をバラバラのままで扱うのはちょっと難しい。だから、**データを代表させられるような数字**、**代表値**を1つ作って、その値で評価をしたい…というのが、もともとの考え方です。

Ⓢ 1つの値にまとめるのが大事なら、平均値じゃなくてもいいですよね？

Ⓐ いいところに気がつきましたね！　代表を作ることが主眼なので、例えば最大値でも、最小値でも、あるいは全部を合計した値でも、代表値は代表値です。でも、例えば最小値を選んだときに、その値は本当に「代表」と言えるでしょうか？

Ⓢ 最小値だから、一番点数が低い人の値だけが入るんですよね。だとした

ら、他の人のデータは無視されちゃう？

Ⓐ そこがポイントです。**最小値あるいは最大値は**、結局は最低点か最高点の人の点数ですから、**1人のデータだけで決まります。**最低点が50点だとしたら、他の人が51点から100点までまんべんなく散らばっていても、残り全員が100点満点でも、最小値はともかく50点。

Ⓢ ちょっと、「代表」って言うにはムリがありそうです。

Ⓐ もちろん、データの性質によっては、最小値や最大値そのものが重要になることもあるでしょう。例えば災害対策など、「津波は最大でここまで到達した」とか、「最も気温が高い日には40℃まで上がった」のようなケースならば、最大値が大きな意味を持ちます。でも、一般的なケースならば、やはり全てのデータを活かした値の方が使いやすいですよね。

Ⓢ 平均値だと、全部足して個数で割るから、皆のデータが少しずつ反映されてるって言えるかな？

Ⓐ そうですね。ちなみに、全部足した合計値と、平均値を比べるとどうでしょう？　使い勝手は、どちらが優れてそうでしょうか？

Ⓢ え？　合計値？　確かに全部のデータが反映されるけど、人数が違ったりすると困りますよね。

Ⓐ まさに、データの個数が問題になります。合計値だけで比較をすると、人数が多いデータが「有利」になっちゃいますよね。

Ⓢ そりゃそうですね。でも、人数が違うのに合計で比べることなんてあるんでしょうか？　ちょっと想像がつかないです…

Ⓐ 「平均値と合計値、どっちが良いでしょう？」とストレートに聞いたら、ほとんどの人は平均値と答えるでしょう。でも、人数が違うのに「合計数だけ」のグラフが出てくること、意外に多いんですよ。

死亡数の年次推移―― 1899 年～2016 年――

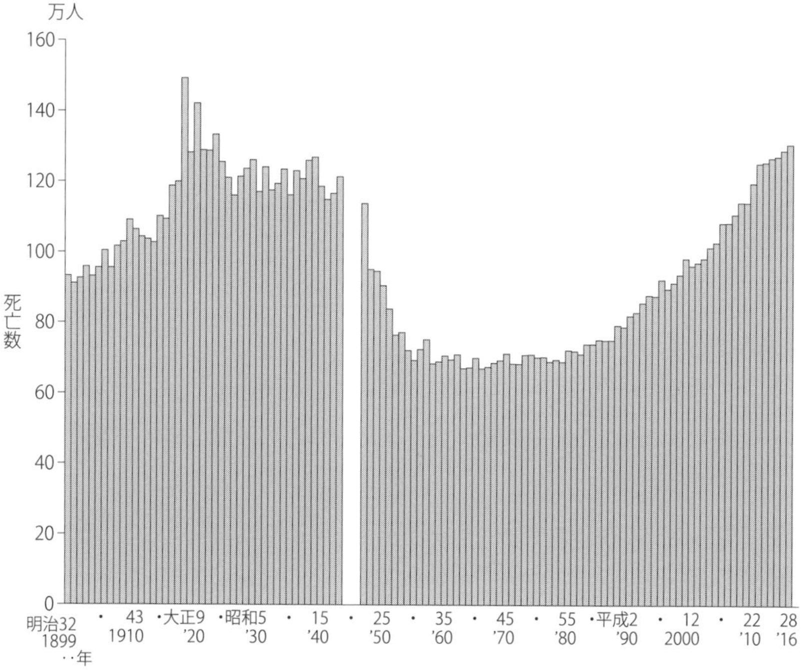


（平成 30 年我が国の人口動態――平成 28 年までの動向――より）

Ⓐ これは、年間の死亡者数を、時系列でまとめたグラフです。

Ⓢ 戦後すぐは減ってきて、1966 年が最少なんですね。90 年代くらいから、死亡数は相当増えている？

Ⓐ 死亡数が増えているのは、グラフから読み取れる紛れもない事実です。ただ、このデータから「昔の人の方が丈夫だった」などと考えてしまうと…

Ⓢ あ！　昔と今を比べたら、今の方が人口が多いし、お年寄りも多いから、単に数で比べたら当然今の方が多くなるんですね！

Ⓐ よくできました。テストの点数のような比較で、しかも人数が違う時に、合計点で比べるようなケースはまずないと思います。でも、死亡数のようにちょっと見ただけではわかりにくいデータだと、合計点に引き

ずられて解釈を間違うことはよく起こるので、気を付けましょう。

S わかりました！

## 2 平均値にも弱点が？

A さて、最大値や最小値や合計値よりは、平均値の方が使い勝手がよさそう…という話をしてきました。「合計点÷人数」の操作をすることで、違う人数のデータでも比較ができるし、個々のデータを「少しずつ」活かすことができます。

S 他の数値と比べると、平均値がとても便利に見えます。

A そうですね。ただ、**個々のデータを活かすところは、実は平均値の弱点**でもあります。

S ???　どのデータも、少しずつ平均値に活かされてるんじゃ？

A 少しずつ、がポイントです。確かにどのデータも、平均値の算出に貢献はしてるんですが、状況によっては最大値や最小値と同じように、ごく一部のデータに全てが振り回されてしまうことが起こりえます。

S どんなケースですか？

A 簡単な例でやってみましょう。5人グループで、1人だけずば抜けて点数が良かった時を考えます。

| | | | | |
|---|---|---|---|---|
| 10点 | 15点 | 5点 | 20点 | 100点 |

この時、平均点はいくつですか？

S 全部足して5で割るから、10＋15＋5＋20＋100＝150　で、150÷5＝30点です。

A 計算はもちろん正解です。でも、代表値っていう視点からすると…

S 5人を代表する値が30点なのか…でも、5人中4人は30点より下で、しかも最後の1人は平均より70点も上ですよね。「平均30点」ってだけ聞くと、なんとなく「みんな30点前後」って思っちゃうけど、どうなのかな…

A いい見方ですね！　今のケースでは、1人が他の人たちを大きく引き離した点数（100点）をとったことで、平均値が大きく引っ張られています。

S 100点の人を除いたら、平均は（10＋15＋5＋20）÷4＝12.5。最後の1人で、平均点が一気に17点も上がっちゃいました。

A このような値を**外れ値**（アウトライヤー）とよびます。外れ値があると、特に今回のように人数が少ない場合、外れ値が平均の値を大きく左右してしまいます。平均値に対して、「真ん中あたりの数値」と思っている人も多いのですが、外れ値がある場合や元々のデータに歪みがある場合は、直感とは大きく違う結果になります。

| 平均値の弱点は？ | | | | |
|---|---|---|---|---|
| 外れ値に弱い（1つの極端な値に大きく引きずられてしまう） | | | | |
| 10点 | 15点 | 5点 | 20点 | 100点 |
| 平均は30点だけど、「代表している」値といえる？ | | | | |

S データの歪み？

A 具体例を見た方がわかりやすいでしょう。こちらは、日本の所得の分布です。ちなみに、平均値は552万円ですね。

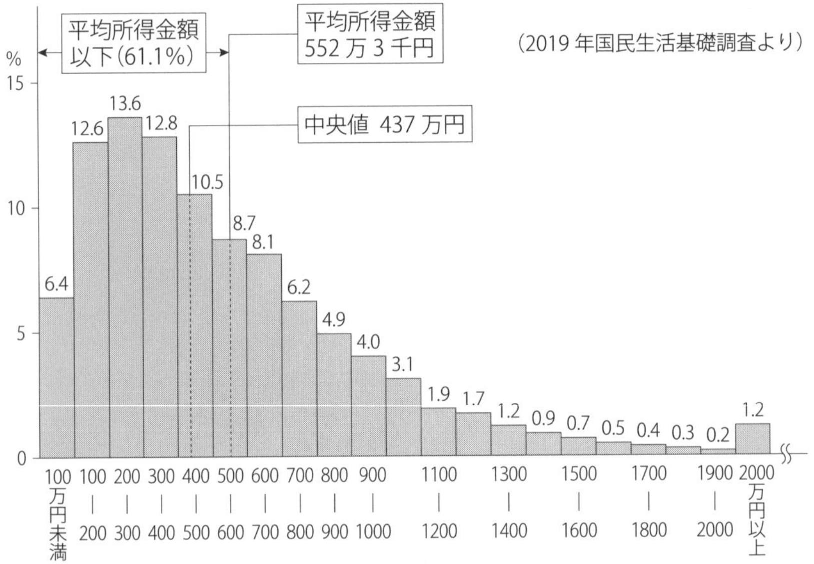


S 直感からは、**真ん中あたりの世帯の所得が 552 万円**ってなるのかな？

A はい。ただ、グラフからすぐに分かるとおり、所得や貯蓄をグラフ化すると、右側すなわち高所得・超高所得側に、大きく裾を引くのが通常です。突き抜けたセレブがいれば、所得は 1 億円や 10 億円など、いくらでも大きくなります。一方で少ない方は、所得はマイナスにはならないので、原則 0 が最小値で、それより左はありません。ですから、左右対称にはならず、右側（高所得側）に裾を引いた分布になるんですね。

S さっきの 100 点の人みたいに、平均値が上に引っ張られるのかな？

A そうですね。もちろんさっきの例と違って、全体の人数が多いので、1 人のお金持ちのために 100 万円上がったりすることはありません。ただ、まとまった人数の超高所得者がいれば、どうしても引きずられてしまいます。所得の分布をみると、**所得が平均以下の人が 61.1%** いますから、直感的な「真ん中あたりの数字」という感覚からは、ずれてしまいますね。

S 平均以上の人が 4 割、平均以下が 6 割だと、たしかに真ん中という感覚とは違います。

A 「代表の値」として、より適切な数値は何か思いつきますか？

S うーん…平均だと 4 割・6 割になっちゃうなら、できれば 5 割・5 割になる値が欲しいかな…

A 5 割・5 割の発想、とても大事です！　この発想通りに、**「ちょうど真ん中の順位の数値」**を持ってきたのが、**中央値**（median）です。さきほどの所得のグラフですと、437 万円が中央値です。

| 代表値の候補その 2：中央値 |
|---|
| **中央値：真ん中の順位の値<br>（上にも下にも同じ人数）** |
| **中央値は外れ値に強い** |

S 平均値が 552 万円だったから、100 万円くらい下にずれるのか…平均値と中央値なら、このデータなら中央値のほうが代表の資格があるかな？

A データが歪んでいるときには、平均値よりも中央値が適していますね。中央値は、**外れ値の影響を受けづらい数値**でもあります。

S 外れ値の影響を、受けづらい？

A 例えば最初の 5 人グループのデータで、100 点の人が 50 点になったり、150 点になったりすると、平均値は再び大きく変わってしまいます。

S 点数を足し合わせて割り算だから、当然ですよね。

A では、中央値はどうでしょう？

S えーと…なるほど、真ん中の順位の人は、上から三番目だから、15 点。最高点の人が 100 点から 50 点になっても、150 点になっても、順位には影響がないから、値はそのままです！

A いま試してもらったように、**中央値を出すときには**「値がいくつ？」は興味がなくて、**「上から（下から）何番目？」だけを気にします。**ですので、どれだけ値が外れていても、あくまで順位しかカウントされないので、値が極端に上下することはありません。

S うーん…そう聞いてると、いつも中央値で比較しちゃえばとも思うんですが、ダメですか？

A いい質問ですね。いつでも中央値、一理はありますが、場合によっては「もったいない」こともあります。

S もったいない？

A 先ほどお話したように、中央値は各データの値そのものには影響されません。裏を返せば、**各データの値に関する情報は、中央値で代表させたときには大部分が失われてしまう**ことになります。

S そうか…外れ値には強いけれど、それと引き換えに失われちゃう情報も大きいってことですね。

## 3 平均値と中央値の使い分けは？

S 平均値と中央値、どちらかだけをいつも使い続けるんじゃなくて、状況に合わせて適したものを…というのは何となくわかりました。「こういうときは平均値じゃないと」とか、「こういうときは中央値じゃないと」みたいな、気をつけるポイントはありますか？

A いい質問ですね。左右対称に近いような、「きれいな」分布をするデータであれば、平均値で代表させた方がよいでしょう。
平均値と中央値、知名度は圧倒的に平均値が上なので、「平均値のほうがいいのに、中央値を使ってしまう」のような例は少ないはずです。やはり気をつけるべくは、中央値（など）の方がいいのに、平均値を使ってしまう例ですね。

S さっき教えてもらった、外れ値が多いときとかでしょうか？

A 外れ値が多いとき、さらに人数が少ないときは要注意です。

S なるほど。でも、さっきの所得みたいに「この範囲に何%いる」のような情報があれば、外れ値が多いか少ないかはわかりますけど、それもないときだってありますよね。

A そうですね。感覚としては、「ここに何 %」のような頻度の情報が全くなかったとしても、所得のようなケースは分布が歪みやすい傾向にあります。

S 分布が歪みやすい？

A 所得の特徴は、下限はゼロ円に決まっているけど上限はなくて、いくらでも高くなります。さらに、0～100 万円や 100 万～200 万円など、下限に近い値の人も、それなりの数存在します。

S 上限はないから、右側に裾を引いてしまう。下限近くにもある程度人がいるから、グラフが下限＝ゼロで途切れてしまうということでしょうか？

A そうですね。右側（高所得）が延々と続く一方で、左側（低所得）はゼロのところで切られてしまいますから、ほぼ間違いなく分布は歪みます。所得や貯蓄など、お金がらみのデータではよく起こります。また、集めたデータの中で、他と大きく違うものがまじっているときも要注意です。

S 大きく違うもの、とは？

A 例えば都道府県別のデータであれば、東京（人口・所得）が外れ値になるケースが多いです。また国別にデータを並べるときも、一部の大国、中国やアメリカなどのデータに左右されることはよく起こります。

S 外れ値が生まれやすい環境にあるってことでしょうか？

A そうですね。あまりに質の違うデータが混在していると、平均値であれ中央値であれ、データを一つにまとめることそのものが無意味になってしまいます。機械的に平均値を計算する前に、データそのものがどんな挙動を示しているか（極端に分布が歪んでいないか？）を、きっちり確かめるといいでしょう。「何でも平均値！」でもなく、「何でも中央値！」でもなく、データの種類に合わせて、最適な「代表値」を選択することが大事ですよ。

S わかりました！

# 1 章のまとめ

## データの「代表値」とは？

### ❶ たくさんのデータを１つの数値で代表させるには？

最大値や最小値：１人のデータだけで決まってしまう。

合計値：全員のデータが反映されるが、人数が多ければ値も大きくなってしまう。

⟶そこで、全員のデータを活かしつつ、人数の影響を除く「平均値」

### ❷ 平均値も、万能ではない

平均値は、人数が少ないとき・外れ値が多いときは、一部のデータに引きずられてしまう。
そんなときは、外れ値に強い「中央値」を使う！

⟶いきなり平均値の計算！ でなくて、まずデータのばらつき方をチェック

⟶「何でも平均値！」でもなく、「何でも中央値！」でもなく、データの種類に合わせて最適な「代表値」を選択することが大事

# 2章

# データを何と比べるか？

## ――比べることの重要性



Ⓢ こんにちは！

Ⓐ こんにちは。前回はデータをまとめるときの「代表値」の話をしました。

Ⓢ データをまとめるときには、今まで何も考えずに平均値で考えていたけど、平均値がふさわしい時ばかりでなくて、中央値や、あるいは最大値や最小値が優れているときもあるってことでしたね。

Ⓐ そうですね。平均値であれ中央値であれ、何らかの値に代表させた後に出てくる作業は、違うデータと比べてみることです。

Ⓢ 違うデータと、比べる？

Ⓐ ある集団のデータを取ったら、例えば同じ集団の前の年と比べるとか、同じ時点の別の集団と比べるとか…

Ⓢ そうか！　前の年と比べれば、今年の増減がわかりますね。同じ時点の別の集団と比べたり、全体からのデータと比べれば、その集団が他よりも優れているのかどうかがわかるかな？

Ⓐ 分かってきましたね！

## 1　データを何と比べるの？

Ⓐ 当たり前のことですが、**1つの集団で一時点だけのデータを取っただけでは、わかることはそれほど多くありません。**例えば、2019年のデータでは、日本の**お年寄り（高齢者、65歳以上）の人口は3,588万人**です。全体の人口に占める割合は28.4%、**3.5人に1人がお年寄り**とい

う状況です。

S 3.5 人に 1 人！　ずいぶん、多い気がします。

A 「多い」という感覚は、おそらく合ってます。でも、本当に多いかどうかを確かめるには…

S わかった！　過去の日本と比べて増えたとか、他の国の 2019 年のデータと比べて多いとか、何か比べる相手が必要だってことですね！

A そう、比べる相手をおくのが、大事です。ちょっと難しい表現では、**比較対照**（対象ではなく対照）と呼びます。いま出したお年寄りの割合（高齢化率）では、3.5 人に 1 人＝多いと判断したときに、無意識に「ちょっと前の日本」と比べてたのでは？

| 「多い」「少ない」を示すなら… | |
|---|---|
| 単独でなく、比べる相手（比較対照）が必要 | |
| 時間的な比較 | 昨日？ 昨年？ 10 年前？ |
| 空間的な比較 | 同じ時点の別の国？ |

S 確かに、私が子どもの頃（？年前）と比べたらずいぶん増えたかも…っていう考えはありました。もちろん、何人に 1 人かはわからないけど…

A ここ 40 年くらいを振り返ると、2010 年で 23.0％・2000 年で 17.2％・1990 年で 12.1％・1980 年で 9.1％です。**40 年間でおよそ 3 倍**に増えていますね。

S 数字を見ると、確かに「増えた」感じが伝わってきました。

A いま紹介した高齢化率のように、比較的イメージしやすい、あるいはなんとなく「最近増えた」「最近減った」がわかりやすいものであれば、頭の中に自然と比べる相手ができています。ただ、あまりなじみのない数値ですと、「人口の○○%が病気にかかる！」とか、「○○で亡くなった人が××人！」のような一つの値に引きずられてしまうことが多いので、注意が必要です。

S 一つの値に、引きずられるって？

A 例えば、「2017年の1年間に、35,108人の少年が検挙された。人口10万人あたり307人で、成人（人口10万人あたり179人）の1.7倍」のようなニュースをみたら、どう感じますか？

S やっぱり、少年犯罪とかよくニュースになっているし、増えているのかな？ 多いのかな？ って考えちゃいます。

A そうですね。このようなニュースが伝わるときには、暗に「35,108人『も』の少年が…」のような意図が入っていることが多いです。でも、こちらのグラフを見てみましょう。昭和41年（1966年）から50年間の、少年犯罪の検挙数の推移です。

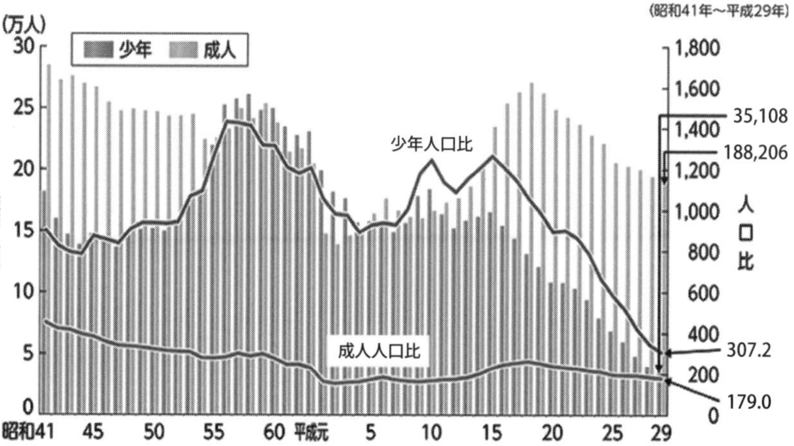


（平成30年版 犯罪白書より）

S わあ、ここ10年以上で激減してます！

A 期間内のピークは昭和50年代後半（1980年代前半）で、その時と比較すると7分の1程度まで減少しています。もちろん、少年の人口そのものも半分近くに減少しているのですが、人口の増減を加味した

「10 万人あたりの件数」でみても、やはり大きく減少しています。

**S** 折れ線の「少年人口比」ですね。確かに、平成 15 年 (2003 年 ) あたりからは、ずっと減り続けてますね。

**A** ゲームだったりネットだったりアニメだったりスマホだったり、さまざまなものが時代とともに「少年犯罪の増加」の元凶として槍玉に挙げられています。でも、「増加」したかどうかを明らかにしないと、検証する意味はなくなってしまいます。

**S** 比較対照をおかずに、一つの数字だけで議論しても意味はないってことですね。

**A** このことは、理科系でも文科系でも同じです。理科系の実験では、たとえばマウスを使って実験するときに、「薬を注射したら血圧が下がった」だけではなくて、「生理食塩水を注射したら血圧は下がらなかったが、薬を注射したら血圧は下がった」のように、対照群をおくことが求められます。

**S** 血圧が下がったのが、注射をしたためでもなく、液体を注射したためでもなく、「薬を注射した」からだってことを示したいからですよね？

**A** その通り、薬が入っているかいないか？　以外については違いがない状況を作って、そのもとで血圧が下がったのなら、それは薬の「おかげ」であるという考え方です。実験に限らず、データを使って物事を考えるときには、「何と比べたのか？」を考えることが鉄則です。

## 2 「誰のおかげ？」の示し方

**A** まず、別のデータと比べることが大事なのをここまで紹介してきました。もう少し踏み込んで、「値が変わったのは、誰のせい？　誰のおかげ？」なんてことを考えてみましょう。

**S** 誰のおかげってのは、さっきの薬のおかげ、みたいな話ですか？

**A** そうですね。先ほどはマウスの実験を例にして、対照群をおくことの重要性をお話ししました。でも、一見立派に見える数字データでも、比較をしていないものは実は多くあります。

**S** 比較をしていない？

**A** 一番単純なのは、「××を食べた。やせた。だから、××にはやせる効果がある！」のような議論です。医療ならば「××を食べたらやせた！」でしょうし、経済なら「××をやったら売れた！」のような論理は、よく見かけますよね。

**S** 「健康茶でやせた！」みたいなタイプかな？

**A** そうですね。「誰かが健康茶を飲んで、やせた」「あの人は、何もしないでも禁煙できた」のような個人の経験談などが、一番単純なパターンです。

**S** さすがに 1 人だけのデータだと、どうしても「個人差じゃないの？」って考えたくなります。

**A** まさに個人差が最大の問題点になります。いま紹介した、**1 人の経験を記述した**にすぎないものを**症例報告**（case report）と呼びます。病気の人でなくても、症例と呼びます。繰り返しになりますが、症例報告の最大の弱点は**個人差**です。

**〈症例報告〉**

**S** 誰かはうまくいっても、他の誰かでうまくいくかはわからないし…

**A** 個人差の問題を解消するためには、当然複数の人を連れてくることが考えられますよね。例えば、10 人に健康茶を飲ませたら、4 人はやせて、2 人は変わらなくて、4 人が太った…のような研究です。このようなタイプの実験は、バラエティ番組などでも時折見かけるものですね。

**S** 10 人いるから、個人差の問題はある程度改善されたかな？

A このような研究を、**症例集積**（case series）と呼びます。例数が増えた分、個人差の問題は小さくなりますが、他に問題があるとしたら、どんなところだと思いますか？

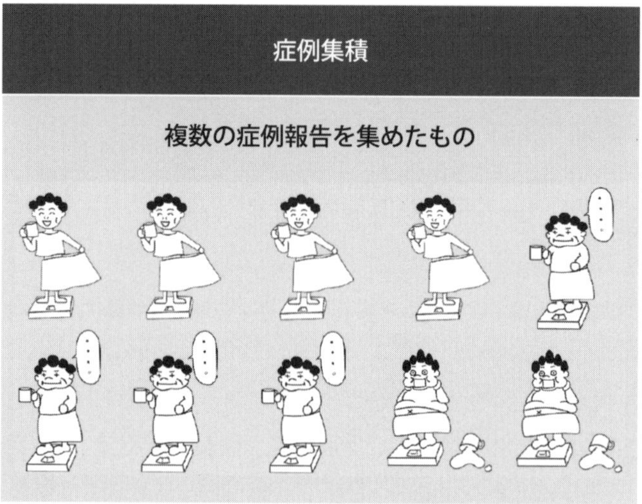


S あ、比較対照がないです！

A そうですね。飲んだ 10 人のうち 4 人がやせましたが、例えば「健康茶を飲まなくても 10 人中 9 人がやせた」ような状況ならば、やせる効果は全くなさそうです。一方、「健康茶を飲まなかった 10 人は、誰もやせなかった」ような状況であれば、少しは健康茶も貢献していそうですね。

S 飲まない人と比べてみないと、健康茶の「おかげ」でやせたかは判断できないってことですね。だんだん、わかってきました。

A 飲まない人と比べる…ですが、比べ方にもいろいろあります。

S いろいろ、とは？

A 具体例で考えてみましょうか。

おばさん 50 人を集めてきて、健康茶を飲んだかどうかとか、飲酒や喫煙など、生活習慣を記録してもらう。その上で、毎年の健康診断の結果も記録する。1 年間追跡したところ、健康茶を飲んだ人は 10 人・飲まない人は 40 人だった。やせた人は、飲んだ 10 人中では 4 人、飲まなかった 40 人中では 5 人だった。

### コホート研究

**1 つのグループを追跡し、「飲んだ人」と「飲まなかった人」とで比較。健康茶を飲むかどうかは参加者が自分で決められる。**

| | | | |
|---|---|---|---|
| **飲んだ：** | **10 人中** | **4 人** | **6 人** |
| **飲まなかった：** | **40 人中** | **5 人** | **35 人** |

Ⓢ 飲んだら 10 人中 4 人、飲まなかったら 40 人中 5 人だと、飲んだ方がやせられそうですが…飲むか飲まないかは、自分で決められるのかな？

Ⓐ そこが、一番のポイントです。このような研究を**コホート研究**（cohort study）と呼びますが、コホート研究の特徴は、**健康茶を飲むか飲まないかは被験者（おばさん 50 人）が自由に決められる**ことなんです。

| コホート研究の特徴 |
| --- |
| **健康茶を飲むか飲まないかは参加者が自分で決められる** |
| **自分で決められる分、他の要因の影響はやや強い** |

**S** 自由に決められるのか…でも、健康茶を自発的に飲むおばさんと、そうでないおばさんって、いろいろ違ってそうですよね。運動とか食事に気を付けてる人の方が、自発的に飲むおばさんが多そうです。

**A** 素晴らしいですね。いま指摘してもらった運動や食事のように、注目している因子である「健康茶を飲む・飲まない」以外の要因で、「やせる・やせない」に影響しうるものを**交絡因子**や**交絡要因**と呼びます。

**S** 交絡因子が多いと、健康茶のおかげでやせたのか、他の交絡因子の影響だったのか、分からなくなっちゃいますね。

**A** 健康茶のおかげであることをもっと強く示すためには、おばさんたちに飲む・飲まないを任せるのではなく、研究者側で飲む・飲まないを決める必要があります。おばさん 50 人を集めてきて、25 人ずつに分けて、**一方には健康茶を飲ませ、他方には飲ませない。**このようなスタイルの研究を、**比較臨床試験**（Controlled Clinical Trial: CCT）と呼びます。

| 比較臨床試験（CCT） |
| --- |
| **被験者を「健康茶を飲む人（介入群）」と「健康茶を飲まない人（対照群）」の 2 グループに分け、それぞれやせるかどうかを調査（飲むか飲まないかを参加者は自由に選べない）** |

| コホート研究と比較臨床試験 CCT の違い | |
|---|---|
| コホート研究 | **健康茶飲む・飲まないは参加者が決める** |
| 比較臨床試験 CCT | **健康茶飲む・飲まないは研究実施者が決める** |
| 他の要因の影響は、CCT の方が小さい | |

S 研究者側でグループ分けをすれば、ある程度は公平にできるのかな？

A 理想的には、そうなりますね。でも実際には、研究者が自由に決められるようにしてしまうと、いろいろ不都合なことが起こる可能性があります。

S 不都合？

A 例えば研究者が、なんとかいい結果を出したい！ と強く思っているときに起こります。説明をよく聞いていて、運動や食事にも気を付けていそうな人、「何もしなくてもやせそうな人」は健康茶群に割り付ける。一方で、居眠りをしていて、間食もたくさんしてそうな人、「どうやってもやせなさそうな人」は非健康茶群に行ってもらう。そうすると…

S 健康茶がぜんぜん効かなくても、健康茶群の方がやせる人が多くなっちゃいますね！

A ですから、より正しく効き目を判断するには、健康茶群と非健康茶群へのグループ分けを、ランダムに（無作為に）行うことが求められます。これを、**ランダム化比較試験**（Randomized Controlled Trial: RCT）と呼びます。

S じゃあ、ちゃんと効き目を示すためには、RCT をやるのが必須になりますか？

A いい質問ですね。もちろん、RCTができる環境ならば、それに越したことはありません。でも、医療の領域でも、いつもいつもRCTができるとは限りません。

S RCTができないときって？

A 例えば、食事などの生活習慣と病気の関係を見ることを考えましょう。「脂っこい食事を取るとがんにかかりやすくなる」のような仮説を示したいときに、RCTができるでしょうか？

S 二つのグループに分けて、一方は脂っこい食事をとらせて、他方は取らせない…ちょっと難しそうですね。

A 食事ならまだしも、これが飲酒や喫煙になれば、「このグループは毎日1リットル以上飲酒」「このグループは1日20本喫煙」のような状況設定は不可能です。ですから、研究自体の信頼性は低くなってしまいますが、強制をともなわないコホート研究のスタイルが、現実的には唯一の方法になります。ただ、コホート研究にも実は長所があるんですよ。

S 長所？

A 研究結果を実世界に当てはめるときに、効いてくるんです。

S 実世界に当てはめる？？

A もう少し具体的に説明しましょうか。RCTを実施するときには、被験者に対して病院に来る頻度とか、検査をきちんと受けるとか、他の薬は飲まないとか、影響の出そうな健康食品は控えるとか、さまざま厳しめの条件を設定します。

S 「薬を飲む・飲まない」以外のことは全て条件を揃えるってことですよね。

A はい。しっかり制御された環境下で差が出たのなら、それは薬のおかげに間違いない…という考え方です。しかし、実際の患者さんはどうでしょうか？　薬が世に出た後、そのような「きっちりした」条件に従ってくれるでしょうか？

S うーん…飲み忘れとか、病院に来なくなっちゃうとか、こっそり健康食品食べるとか、いろいろ起こりそうですね。

A そうですね。研究の質を上げれば上げるほど、実際の世界への適応可能性は小さくなります。**前者の研究の質を内的妥当性、後者の応用可能性を外的妥当性と呼びます。RCT は**…

S **内的妥当性は高いけど、外的妥当性は低い**？

A 大正解！　一方で、**コホート研究は**研究としての質はやや劣るので、**内的妥当性は下がります**。ですが、制限はせいぜい「生活習慣を記録する」ぐらいなので、**外的妥当性はむしろ高くなります。**

S どっちも高いのが一番だけど、そうはいかないんですね…

A 何を明らかにしたいかによって、どのような研究が適しているかは変わります。いずれにしても、「この集団で調べたらこうだった！！」のようなデータに右往左往することだけは、避けたいですね。

S 数字を見たら、まずは「何と、どうやって比べたの？」を見ることですね！

A 次の章では、「ものさしの分類法」をお話しします。

S よろしくお願いします！

# 2章のまとめ

## 1 研究デザイン（研究のスタイル）

| 研究デザイン | | 比べる元（比較対照）のおき方 |
|---|---|---|
| 症例報告 | 「飲んでやせた」人を１人連れてきた | 対照群なし |
| 症例集積 | 健康茶を飲んだ人を何人か連れてきた | 対照群なし |
| 症例対照研究 | やせた人とやせてない人を集めて、過去に健康茶を飲んだかどうか調べた | 症例＝やせた人<br>対照＝やせなかった人 |
| コホート研究 | 集団をしばらく追跡して、飲んだ人・飲まない人それぞれやせるかどうか調べた<br>（健康茶を飲むかどうかは参加者の自由） | 対照あり<br>（健康茶を飲まなかった人） |
| 比較臨床試験<br>CCT | 集団を「飲む群」「飲まない群」の２グループに分けて、それぞれやせるかどうか調べた<br>（健康茶を飲むかどうかは研究者が決める） | 対照あり<br>（健康茶を飲ませなかった人） |
| ランダム化比較試験<br>RCT | CCTのうち、「飲む群」と「飲まない群」へのグループ分け（割付）を、ランダムに実施する研究 | 対照あり<br>（健康茶を飲ませなかった人） |

## 2 どんなときでも、RCTが必須？（研究の内的妥当性と外的妥当性）

| 研究の種類 | 内的妥当性（研究自体の質・信頼性は？） | 外的妥当性（実際の世界に研究結果を応用できる？） |
|---|---|---|
| コホート研究 | 低い | 高い |
| RCT | 高い | 低い |
| 生活習慣の病気への影響などを見るときは、そもそもRCTは実施できない | | |

# 3章

# 意外に大事。ものさしの選び方

## ——尺度の分類



S　こんにちは！

A　こんにちは！　前々回は代表値の話、前回は「比べること」の重要性の話をしてきました。

S　何が何でも平均値…ではなくて、データの特性と、何を見たいかによって代表値を決める。そして、一つの値だけじゃなくて、比べるもとをおいて比較しないと…ってことでした。

A　そうですね。今回は「どうやって比べるか？」を掘り下げてお話しします。どんなものさしを使って比べるか、ってことですよ。

S　「ものさし」ですか。どんなものがありますか？

A　もっとも単純なのは、テストの点数のような、そのまま数字になってるものですよね。

S　数字なら、大小をそのまま比べれば良さそうです。

A　大小の比べ方にも、実は少し考えどころがありますが、それは後で説明しましょう。点数のようにそのまま数字にできるもの以外に、例えば「成功・失敗」「有効・無効」のような、ある・なしの形のものさしもよく出てきます。こんなケースなら、どうやって数字を出しますか？

S　ある・なしだったら、やっぱり成功率かなあ？

A　10 回試して 6 回成功なら、6÷10＝60%…みたいなやり方ですよね。もちろん正解です。「そのままの数字」や「あるなし」のような分類、これを「**尺度**の分類」とよびます、今回はまず、ここを少し詳しく見てみましょう。

S　お願いします！

## 1　尺度の分類・その１

Ⓐ 冒頭のお話で出てきたのは、テストの点数とあるなしデータでした。この２つの違い、なんとなくイメージできますか？

Ⓢ えーと…**テストの点数はいろんな値をとるけど、あるなしデータは「ある」と「なし」しか取れないです。**

Ⓐ いい考え方ですね！　前者の形、一般的には数字がそのまま出てきて、どんな値でもとれるものを**連続尺度・連続変数**、後者のようないくつかのグループに分かれるけれど、それ以上は区分けできないものを**離散尺度・離散変数**と呼びます。

Ⓢ 連続と離散…。連続はなんとなくわかるけど、離散はあまり使わない言葉かも。

| 尺度の大きな分類 | |
|---|---|
| 連続尺度・連続変数 | いろいろな値をとれる<br>（数字がそのまま出てくる） |
| 離散尺度・離散変数 | いくつかのグループに分かれる<br>（それ以上は分けられない） |

Ⓐ 離散は、「バラバラ」「とびとび」のような言葉に置き換えると少しはわかりやすいでしょうか？　連続尺度の場合は、基本的には100人いたら100人がみな違う値をとります。一方で離散尺度の場合は、グループの数が限られているので、「成功は○人・失敗は×人」という区分けしかできません。「成功」と「失敗」の２つのグループしかないから、とびとび＝離散、と考えましょう。

S なるほど。離散尺度のグループは、2つだけですか？

A いい質問ですね。2つである必要はなくて、「改善・不変・悪化」とか、「A型・B型・O型・AB型」のように、**3つ以上のグループでも離散尺度**ですよ。本当の定義はちょっと複雑なのですが、ここでは「いくつかのグループに分けるのが離散尺度、いろいろな値を取りうるのが連続尺度」くらいに考えておけばよいでしょう。

S わかりました。…分類のしかたは、離散と連続でおしまいですか？

A 残念？ながら、もう少し細かな分け方があります。

S やっぱり…

A そんなに複雑じゃないので、もう少し辛抱してもらって…離散尺度のところで出した2つの例、何か違いはありますか？

S 「改善・不変・悪化」と、「A型・B型…」ですよね…グループの数じゃなさそうだし…

A もう少しヒントを出しましょう。前者と同じ例としては、「成功・失敗」とか、「優・良・可・不可」。後者と同じ例は、「男性・女性」とか、「東日本・西日本」とかですよ。

S わかった！　前者はグループ内に「改善＞不変＞悪化」みたいな順番がつけられるけど、後者はそれがない？

A 正解！　この2つは、それぞれに名前があります。**グループ内に序列・順序がついている前者のものさしを順序尺度、それがない後者のものさしを名義尺度**とよびます。

S 順序尺度と名義尺度…違いはわかりましたけど、2つを分ける必要はあるんでしょうか？

A 順序尺度の場合は「改善・不変・悪化」の順番そのものに意味があるので、例えば「改善・悪化・不変」と並べ替えることはできません。一方で名義尺度は、順番を入れ替えてもとくに問題ありません。このことは、後で「グループ間に差があるかどうか？」を評価する際に重要になります。その時にまた、お話ししましょう。

| 離散尺度を、さらに 2 つに分ける！ | | |
|---|---|---|
| 離散尺度 | 順序尺度 | グループ間に順序あり<br>（成功・失敗、改善・不変・悪化など） |
| | 名義尺度 | グループ間に順序なし<br>（男女や血液型、出身地など） |

注：テストの点数は 1 点刻みとすれば「とびとび」なので、厳密な数学では「離散」に分類されます。

## 2 尺度の分類・その 2

S 離散尺度がさらに 2 つに分かれて、名義尺度と順序尺度になったってことは、連続尺度も 2 つに分かれるのかな？

A その通り、連続尺度も 2 つに分かれます。**連続尺度は、間隔尺度と比尺度という分類になります。**

| 連続尺度を 2 つに分ける！ | |
|---|---|
| 連続尺度 | 間隔尺度 |
| | 比尺度 |

S 間隔と、比？

A はい。分け目のポイントは、「掛け算割り算（乗除）」なんです。

S ???

A いきなり「掛け算割り算」と言われると、混乱してしましますよね。順序立てて説明しましょう。連続尺度は最初にお話しした通り、グループ分けではなくて連続した数値で表される尺度です。点数もそうですが、他に思いつきますか？

S えーと、前に出てきた所得○万円とか？

A 所得はまさにそうですね。他にも、長さとか重さとか、温度とか、それこそ無限に考えられますよね。

S はい。

A いま例に出したものはすべて、間隔尺度の条件を満たします。**間隔尺度**の条件は、**足し算引き算（加減）ができる**ことです。

| 間隔尺度の条件は？ |
| --- |
| **足し算引き算ができる** |

S 足し算引き算ができる？

A 例えば所得が、A さんは 200 万円・B さんは 500 万円だったとしましょう。このとき、2 人の所得を比べられますか？

S もちろん！　500 万円－200 万円で、「B さんのほうが 300 万円高い」ですよね。

A すんなりできましたね！　いま無意識に計算した、500 万円－200 万円が、まさに「足し算引き算ができる」に相当します。妙な質問ですが、さっきの順序尺度や名義尺度で、足し算引き算ができますか？

S そうか！　500 万円－200 万円は自然にできるけど、成功＋失敗とか、東日本－西日本のような計算はできないですもんね！

A はい。ここが間隔尺度のポイントで、**出てきた値そのものを足し算引き算できる**ことが条件です。

S じゃあ、比尺度は？

A **比尺度**は、**足し算引き算に加えて、掛け算割り算もできる必要**があります。

S うーん…足し算引き算ができるなら、掛け算割り算も当然できちゃいそうですけど…

A たしかに、「できないケース」を思い描くのはちょっと難しいですね。さっきの所得なんかは、掛け算割り算ができる例です。

| 比尺度の条件は？ | | |
|---|---|---|
| 連続尺度 | 間隔尺度 | 足し算引き算ができる |
| | 比尺度 | **掛け算割り算もできる** |

S どういうことでしょう？

A より具体的には、「○倍多い・少ない」の表現ができるかどうかです。A さんと B さんの所得を、「○倍」の形で比べられますか？

S それなら簡単です！　500 万÷ 200 万で、「B さんの所得は A さんの 2.5 倍」ですよね。

A 今の計算が、掛け算割り算すなわち乗除に相当します。連続尺度の多くはこの乗除ができるので、そのまま比尺度とできるんですが、たまにできないケースがあります。例えば、温度ですね。

S 温度？

A 「昨日は 25℃、今日は 30℃」のような状況を考えましょう。加減と乗除、それぞれ表現できますか？

S そうか！　加減は、30－25＝5 で、「昨日より 5℃暑い」って言えそうです。だけど、乗除の 30÷25＝1.2 を計算して、「昨日より 1.2 倍暑い」は、何か変かも…でも、何がおかしいのかな？

A 「1.2倍はちょっと変」のような感覚、大事ですね。季節を真冬にしてみると、よりはっきりします。昨日は−1℃、今日は+3℃、これだとどうですか？

S あ、ゼロをまたぐとおかしさがわかってきた！　$3-(-1)=4$ で、「昨日より4℃暖かい」はアリだけど、$3\div(-1)=-3$ の「昨日より−3倍暖かい」は絶対ムリですね。

A よくできました！　乗除ができるかどうかは、実は「比をとれるかどうか」と同じことなんですが、これは「絶対的なゼロ点があるかどうか」で決まるんです。

S 絶対的なゼロ点？

A 絶対的なゼロ点は、「それ以下の値をとりえない点」と考えましょう。例えば、さっきの所得とか、重さや長さは、「ゼロ円」「ゼロkg」「ゼロm」以下の値は取れません。すなわち、マイナスになることは基本的にありません。

S そうか、温度はゼロ℃以下も取れるから、「○倍」が意味を持たなくなるんですね。

A はい。**マイナスを取りうる、あるいはゼロ点を自由に設定できるものさしは間隔尺度、ゼロが絶対に動かなくて、マイナスの値を取れない尺度は比尺度**、と考えてもよいでしょう。

S わかりました！

| 掛け算割り算ができるとは？ | | |
|---|---|---|
| | 足し算引き算（加減） | 掛け算割り算（乗除） |
| 間隔尺度<br>（温度） | OK<br>（昨日より 5℃暖かい） | NG<br>（昨日より 1.1 倍暖かい） |
| 比尺度<br>（所得） | OK<br>（去年より 300 万多い） | **OK**<br>**（去年の 1.3 倍稼いだ）** |
| 掛け算割り算ができるのは、「**ゼロ点**」が固定されているから | | |

## 3 尺度、なぜ分ける？

S 尺度＝ものさしが、大きくは離散と連続の二種類。より細かくすると、名義・順序・間隔・比の四種類ってのは分かったし、それぞれの違いものみこめました。でも、そもそも何のために分けるんでしょう？

A もちろんちゃんと意味がありますよ。この後「差があるかどうか？」を評価する時に、適切な方法を選ぶためです。

S 適切な方法？

A どの尺度で測ったかによって、評価のしかたが変わってくるんです。例えば、「このクラスととなりのクラスで、成績に差があるか？」を調べたいときに、テストの点数をそのまま比較するのと、「合格・不合格」でグループ分けして比較するのとで、当てはめる手法が変わるんですね。

S 前者が連続尺度、後者が離散尺度ってことかな？

A そうですね。さらに言えば、「合格・不合格」で分けるときと、「優・良・可・不可」で分けるときでも、使える手法が細かく変わってきます。これは、離散尺度の中での名義尺度と順序尺度に相当します。ですから、どんなものさしを使うかをしっかり把握するのは、とても大事なんですよ。

S わかりました！

**尺度を分ける意味**

**尺度によって、使える手法が変わる**

## 4 「こっそり尺度変更」は、とっても危険！

A さて、尺度によって使える統計手法が違う、だからこそ尺度の分類に注意…という話をしてきました。よく似た話ですが、もう一つ注意点があります。

S どんなことですか？

A ちょっと復習になりますが、「商品に対する意識を尋ねるアンケート調査で、『よい・ふつう・悪い』のいずれかで評価してもらった」「ある治療の効き目を、『よく効いた・やや効いた・不変・やや悪化・悪化』の5段階で判定した」のようなケース、尺度で分類するとどうなりますか？

S えーと、グループ分けの尺度で、順序があるから、順序尺度ですよね！

A その通り、順序尺度です。**50人にアンケートをした時に、良いが20人・ふつうが15人・悪いが15人**のような形でまとめれば問題ないのですが、ついつい勇み足をしてしまうことがあります。

S 勇み足？

A さっきのデータを、**「良い」＝プラス1点、「ふつう」＝0点、「悪い」＝マイナス1点のように決めて、50人の結果を点数化**してしまうのが、「勇み足」です。

S あ！　自分もやったことあるかも…でも、良い・ふつう・悪いとかのままだと、結果を書くのが難しいですよね。あと、別の集団や別の商品と比べたいときとか、順位をつけたいときとか、数字になってれば便利だと思ったんですが、ダメなんですか？

**A** ごもっともです。「良いが 20 人・ふつうが 15 人・悪いが 15 人」のままだと比べづらい。点数化してしまえば、「プラス 1 が 20 人・ゼロが 15 人・マイナス 1 が 15 人」ってなりますから、合計は $(+1)\times20+0\times15+(-1)=5$ 点とできますよね。

**S** そうですそうです！　そしたら、平均とかも求められるし、順位もつけられるから…

**A** お、いいところに気がつきましたね。「平均が求められる」「順位がつけられる」…これらの性質って、突き詰めると「集めてきたデータから計算ができる」ってことになります。でも、もともとは順序尺度ってのは…

**S** あ！　順序尺度は、そもそも「計算ができないものさし」でした。

**A** そうですね。計算ができないはずの順序尺度に、グループごとに点数をあてはめると、計算ができるようになりました。あえて尺度の言葉で表現すれば、**順序尺度が間隔尺度に変わった**ことになります。

<table>
<tr><th colspan="3">「点数化」の裏にあるものは？</th></tr>
<tr><td>もともとの<br>尺度</td><td>よい・ふつう・悪い<br>（順序尺度）</td><td>計算は不可能<br>（各グループの人数のみ）</td></tr>
<tr><td>点数化した<br>尺度</td><td>+1 点・0 点・-1 点<br>（実は間隔尺度）</td><td>平均の算出<br>他との大小比較可能</td></tr>
<tr><td colspan="3">順序尺度から間隔尺度への変更が（こっそり）起きている！</td></tr>
</table>

**S** 無意識にやってましたけど、尺度が変わっちゃうことになるんですね。

…でも、尺度が変わるとまずいんでしょうか？

A よい・ふつう・悪いの3段階だとはっきりとはわかりにくいので、「とても良い・よい・ふつう・悪い・とても悪い」の5段階で考えてみましょうか。この時に、順番にプラス2点・プラス1点・ゼロ・マイナス1点・マイナス2点を当てはめたとしましょう。

S 順序尺度のグループが多くなると、ますます点数化したくなっちゃいます…

A よく分かります！　解釈が難しいですもんね。さて、1点刻みに点数をつけると便利になりそうですが、便利さの裏側に、大きな落とし穴があります。

S 落とし穴？

A 例えば、もともとの順序尺度で考えたときに、「ふつう」と「悪い」の差と、「悪い」と「とても悪い」の差、どのくらい違うかイメージできますか？

S どのくらい違う？？？　うーん…人によって解釈が違いそうで、数字で表すのは難しいです。

A むしろ、うまく数値化できないからこそ、順序尺度にしてある程度幅を持たせているとも言えます。ここで、点数を当てはめた後のことを考えましょう。「ふつう（0点）」と「悪い（マイナス1点）」の差と、「悪い（マイナス1点）」と「とても悪い（マイナス2点）」の差を比べると…？

S あ！　点数化した後は、前者も後者も1点の違いだから、「差は同じ」ってなっちゃうのかな？

A まさに、「同じ」になってしまうんです。間隔尺度がなぜ足し算引き算できるかといえば、「同じだけの差はつねに同じ価値をもつ」、すなわち0点とマイナス1点の価値の差も、マイナス1点とマイナス2点の価値の差も、同じ1点差であれば必ず等しい…という前提が成り立ったからなんです。裏を返せば、このような前提が成り立たないのなら、本来は足し算引き算はしてはいけないんですね。

S もともとは**順序尺度だったから、グループの間でどれだけ差があるかは**

**そもそもわからなかった。それが点数をつけたら、点数の大小や引き算でグループ間の差の大小が勝手に揃えられてしまう**…ってことですか？

A その通りです。本来は測ることすら不可能だったグループ間の価値の差が、点数を当てはめた瞬間に、自動的に決まってしまうんですね。

| グループ間の価値の差は？ | |
|---|---|
| もともとの<br>順序尺度 | グループ間の差は評価不可能 |
| 点数化した<br>間隔尺度 | ふつう＝0点、悪い＝－1点、とても悪い＝－2点<br>とすると、<br>「ふつう」と「悪い」の差＝「悪い」と「とても悪い」の差<br>が自動的に成立（どちらも1点差）！ |
| 点数化によって、グループ間の差の大きさが<br>「自動的」に決まってしまう | |

S 計算しやすくなると思って点数を当てはめていたけど、実はかなり強引な仮定をこっそり置いてしまってたってことなんですね…気をつけます。でも、数字にできないとしたら、どうやったら比較ができますか？

A いい質問ですね。順序の情報、すなわち「よい ＞ ふつう ＞ 悪い」の大小の情報だけを活かした解析手法を使えば、順序尺度のままで分析ができます。ここでは、「グループ変数の点数化は危険！」ということを、覚えておいてくださいね。

S わかりました！

A 次の章では、今も少し話題になった、「比べ方」のお話をします。

# 3 章のまとめ

## 1 尺度（ものさし）の分類法

<table>
<tr><th>大きな分類</th><th>細かな<br>分類</th><th>尺度の例</th><th>特徴</th></tr>
<tr><td rowspan="2">離散尺度<br>（グループ<br>分け・とび<br>とびの値）</td><td>名義<br>尺度</td><td>性別・血液型・地域など</td><td>グループ間<br>に順序なし</td></tr>
<tr><td>順序<br>尺度</td><td>成功・失敗、<br>優・良・可・不可、<br>改善・不変・悪化など</td><td>グループ間<br>に順序あり</td></tr>
<tr><td rowspan="2">連続尺度<br>（数字その<br>まま・<br>どんな値も<br>とれる）</td><td>間隔<br>尺度</td><td>温度など<br>（マイナスの値あり）</td><td>足し算引き算 OK<br>掛け算割り算不可</td></tr>
<tr><td>比<br>尺度</td><td>重さ・長さなど<br>（マイナスの値なし）</td><td>足し算引き算 OK<br>掛け算わり算 OK</td></tr>
<tr><td colspan="4">尺度によって、使える統計手法が変わる</td></tr>
</table>

# 4章

# 「ズレ」は偶然？　それとも必然？
## ——仮説検定の考え方

Ⓢ こんにちは！

Ⓐ こんにちは！　前回は、ものさし＝尺度の分類法と、注意すべきポイントをお話ししました。

Ⓢ 尺度によって使える手法が違うってことと、数字をあてはめたりするといつの間にか尺度が変わってしまって、マズイことになるって話でした。

Ⓐ この章では、まず計算しやすい間隔尺度や比尺度を例にとって、値の比べ方、そして「珍しさ」の評価法のお話をします。

Ⓢ よろしくお願いします！

## 1　えらさの評価法——平均と標準偏差

Ⓐ まずはなじみのありそうな？テストの点数で、「みんなと比べてどのくらいよくできた？」を評価してみましょう。単純化して、純粋な点数で判定することにします。

Ⓢ ともかく、点数が高ければ、「よくできた」ってことですね。

Ⓐ まず、こんな結果ならどうでしょうか？

| | |
|---|---|
| A君 | 100点 |
| B君 | 60点 |

Ⓢ やっぱり、A 君ですよね？

Ⓐ そう、一見 A 君がよくできてそうです。でも、実はこんな結果だったとしたら？

| | |
|---|---|
| A 君 | 300 点満点中 100 点 |
| B 君 | 60 点満点中 60 点 |

Ⓢ ずるい！　先に言ってくださいよ！

Ⓐ ごめんなさい…だまそうと思ったわけじゃなくて、**同じ基準で揃えて比べないとダメ**ってことを言いたかったんです。ちょっと反省して、これならどうですか？　満点すなわち基準を、100 点に揃えましたよ。

| | |
|---|---|
| A 君 | 100 点満点中 80 点 |
| B 君 | 100 点満点中 60 点 |

Ⓢ（また何か裏があるんだろうな…まあ、だまされてあげよう。）
これなら、A 君でよさそう…

Ⓐ 同じ基準で揃えてますしね。でも、こんな事情があったらどうでしょう？

| | |
|---|---|
| A 君 | 100 点満点中 80 点<br>（とても簡単なテスト。平均点は 90 点） |
| B 君 | 100 点満点中 60 点<br>（かなり難しいテスト。平均点は 50 点） |

S （ほら、やっぱり）**「みんな」の出来がだいぶ違ってましたね。**A 君はむしろ平均以下、B 群は平均以上だから、B 君がよくできたのか…

A 点数そのものの素の値だけだと、評価がおかしくなってしまいます。

S 「みんな」と比べてだから、平均点との差を見ないとダメかな？

A そうですね。提案してもらった通り、**「平均点からの差」**で見てみましょう。これでどうですか？

| | |
|---|---|
| A 君 | 100 点満点中 70 点（平均 60 点） |
| B 君 | 100 点満点中 70 点（平均 60 点） |

S うーん、どちらも平均＋10 点で同じだし、「変わらない」でいいですか？

A どちらも同じに見えますよね。実は、もう一つだけ考えないといけない要素があるんです。それが、**ばらつき**です。

S ばらつき？

A 今のケースだとどちらも**平均より 10 点高い**わけですが、10 点高いことの希少価値は、テストによって変わってきますよね。

S 希少価値？　どういうことでしょう？

A 同じ「平均 60 点＋10 点」でも、

| | |
|---|---|
| A 君のテスト | ほとんどの人が 60 点の回りに集中。<br>A 君は「頭ひとつ」抜け出した |
| B 君のテスト | 100 点もいれば 40 点も多くいる状況。<br>B 君の 70 点は、それほど珍しくない |

なんて状態だったらどうでしょう？

S なるほど、こんな状態だったら、A君のほうが希少価値がありそうですね。

A それが、「ばらつき」です。A君のテストはばらつきが小さい、B君のテストはばらつきが大きいことになります。ばらつきが違うテストで、そのまま「平均±○点」で比較しても、うまくいきません。

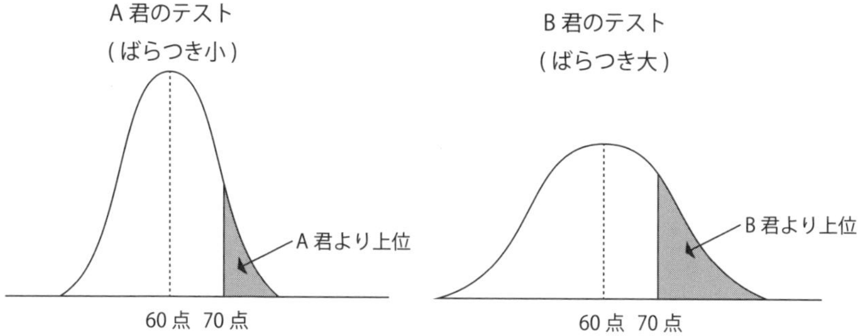


S そうすると、ばらつき具合、点数の散らばり度合いを、何かで見ないとダメってことですよね。

A その通りです！　ばらつき度合いは、言い換えれば「ズレ具合」に相当します。

S ズレ具合？　平均からのズレですよね？

A そうですね。一人一人の点数が、**平均から大きくズレていれば「ばらつきが大きい」、平均の近くにだいたい収まっていれば「ばらつきが小さい」**となりますよね。

S だとしたら、一人一人の点数の平均からのズレを足し合わせればいいのかな？

A 基本的な考え方はそれで良いんですが、ズレをそのまま合計するとちょっと困ったことになります。というのも、単純に足し合わせるとプラスとマイナスとで相殺されて、必ずゼロになってしまうんですね。
例えば「3, 4, 5, 6, 7」という5つのデータがあったとき、平均は

(3+4+5+6+7)÷5＝5となりますが、個々のデータのズレをそのまま足し合わせると「(−2)+(−1)+0+1+2=0」になります。このデータでなくても、平均値の式を考えると、どんなデータでもゼロになります。

S そうか…じゃあ絶対値をとるか、二乗すればいいですか？

A 素晴らしい！　絶対値を取ってしまうと、その後さまざまな計算をするときに面倒になります。ですから、個々のデータの平均からのズレを出したあとに、二乗して足し合わせます。

S 二乗すれば、どのデータもプラスになるから、相殺されることはないですね。

A もう一つの問題は、ただ合計するだけだと、人数を多くすれば値がいくらでも大きくなってしまうことです。なので、足し合わせたものをデータ数（テストを受けた人数）で割ってあげます。この値をばらつきの指標、「**分散**（Variance）」と呼びます。

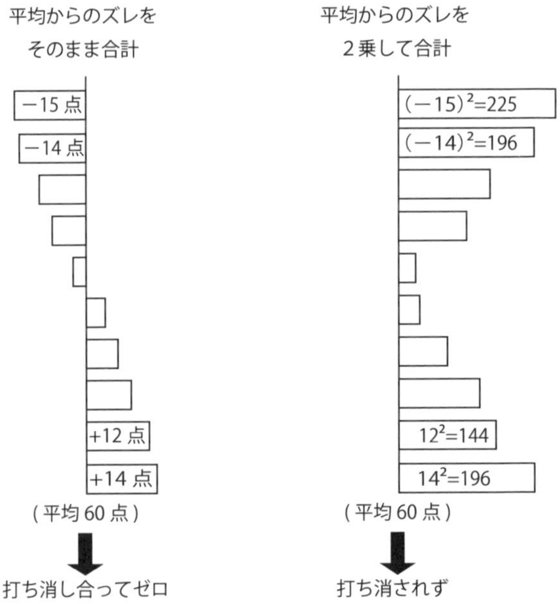

### 分散（Variance）の定義

$$分散=\frac{(点数と平均のズレ)^2\ の総和}{人数}$$

試しに、さきほどの単純なデータ、「3, 4, 5, 6, 7」でこの値を計算できますか？

Ⓢ 平均は５だから…

$(3-5)^2+(4-5)^2+(5-5)^2+(6-5)^2+(7-5)^2=4+1+0+1+4$

$=10$。

これを人数５人で割って、**10÷5=2**　ですか？

Ⓐ よくできました！　ちなみに、もしこの「3, 4, 5, 6, 7」が全て点数だったとしたら、平均と分散、それぞれの単位はどうなるでしょう？

Ⓢ 平均は当然［点］のままですよね。分散は、点数を２乗してるから、［点$^2$］ですか？　ちょっと不思議な感じです。

Ⓐ その通り、単位は［点$^2$］になります。もちろんこのままでも大丈夫ですが、単位が違うと少し扱いづらくなります。単位を同じ［点］に揃えるには、どうしたら良いでしょう？

Ⓢ ２乗したのを元に戻すんだから、平方根をとるんですか？

Ⓐ いい考え方です！　分散の平方根、うるさく言うと「分散の正の平方根」をとれば、単位は元通りになります。単位を揃えたこの値のことを、**標準偏差**（Standard Deviation）とよびます。記号としては、分散が$\sigma^2$、標準偏差が$\sigma$（シグマ）になります。また平均は$\mu$（ミュー）で表すことが多いです。

| 標準偏差（Standard Deviation, SD）$\sigma$ の定義 |
| --- |
| 標準偏差 $\sigma = \sqrt{分散} = \sqrt{\dfrac{(点数と平均のズレ)^2 の総和}{人数}}$ |
| 標準偏差 $\sigma$ は、ばらつき度合いのものさしの役割 |

Ⓢ さっきの例だと、平均 $\mu$ が 5［点］で、分散 $\sigma^2$ が 2［点$^2$］、標準偏差 $\sigma$ は $\sqrt{2}$［点］ってことですね。

Ⓐ よくできました。では、ばらつきが大きくなると、分散や標準偏差の値はどうなるでしょう？

Ⓢ もともと平均からのズレを測っているから、ばらつきが大きくなれば分散も標準偏差も大きくなるんですよね？

Ⓐ そうですね。ただ、分散にせよ標準偏差にせよ、相対的な値なので、「分散が 5 以上ならばらつきが大きい、5 未満なら小さい」のような境界値はありません。「テスト A の標準偏差が 10 点。テスト B は標準偏差 5 点。だからテスト A の方がばらつきが大きい」のように、相対的な評価になります。

Ⓢ ばらつきが大きいか小さいかは、絶対的な基準はないけど、標準偏差の値の大小で、ある程度は判断できる…ってことですね。

Ⓐ さっきの 40 ページの例は

| | |
| --- | --- |
| A 君のテスト | ほとんどの人が 60 点の回りに集中。<br>A 君は「頭ひとつ」抜け出した |
| B 君のテスト | 100 点もいれば 40 点もいる状況。<br>B 君の 70 点は、それほど珍しくない |

でしたよね。このとき、分散や標準偏差はどちらが大きい値になりますか？

S ばらつきが大きい、B 君のテストの方ですか？

A 正解！　そして、素の値を使って「平均点＋10 点」ではなくて、「平均から何$\sigma$（標準偏差）離れているか？」をものさしにして評価します。A 君のテストの分散が 25、B 君のテストの分散が 100 だったらどうなりますか？

S 二人ともプラス 10 点だから、A 君は 10÷25＝0.4…？

A 惜しい！というか、よくやりがちなミスなんですが、**分散$\sigma^2$でなく、その平方根である標準偏差$\sigma$をものさしに**しないといけませんよ。

S あ、そうでした…そもそも分散は［点$^2$］だから、ものさしにはできないですね。標準偏差をつかうと、A 君のテストは$\sigma=\sqrt{25}=5$点だから、「10 点高い」は 10 点÷5＝**2$\sigma$ 高い。** B 君のテストは$\sigma=\sqrt{100}=10$点だから、「10 点高い」は 10 点÷10＝**1$\sigma$ 高い。** $\sigma$をものさしにすると、A 君の「10 点高い」の方が希少価値も高いってことですね。

A ここまでをまとめると、正しく比べるためには、

- **基準を揃えて**
- **素の値でなく平均値との差をとって**
- **そのままの差でなく、「標準偏差でいくつ分ズレているか？」を評価**

しないといけません。

**同じ基準を設定して、平均からの差を、標準偏差をものさしにして比べる**…この後のすべての基本になります。ぜひぜひ、これだけはしっかり覚えておきましょうね。

S **ズレ度合いを、標準偏差をものさしにして評価する**ですね！　覚えておきます！

## 2 実は慣れ親しんでいた？　σのズレ

A　さて、標準偏差σですが、初めて聞いたのはいつですか？

S　高校のときか、大学の初年度か…

A　今のカリキュラムですと、高校の授業でも少し聞いたことのある人がいるかもしれません。でも、「シグマでいくつ分のズレかを評価する」こと自体には、もっと早い段階、もしかしたら中学受験や高校受験でも遭遇してるんですよ。

S　？？？　いつでしょう？

A　**偏差値**、聞いたことありますよね？

S　もちろん！　あ、標準「偏差」だから「偏差」値なのかな？

A　いい勘ですね！　**偏差値の数字は、まさに標準偏差σをもとに計算された数字**なんです。

S　そうなんだ！　でも、偏差値ってだいたい 40 とか 50 とか 60 とかの数字で、1 とか、ましてマイナスとかは出てこなかったと思います。

A　いい指摘ですね。「偏差値イコール標準偏差」ではなくて、いくつか操作が加わっています。順を追って説明しましょう。まず、偏差値の数字を見て、どんなふうに解釈してましたか？

S　えーと…平均点だと 50 ちょうどで、それより上ならよくできて、下ならその逆。70 超えたらかなりスゴい…みたいな感覚でした。

A　そうですね。偏差値の式ですが、「その人の点数が、平均から何σ離れているか？」から出発します。

| 偏差値の「基本原理」 |
| --- |
| **点数が平均点から何σ分ズレてるか？** |

**S** それなら、平均点ならゼロになるんじゃ？

**A** もちろんその通りですが、平均をゼロにすると正負両方の値をとってややこしくなるので、「平均点のとき偏差値 50」と設定します。

**S** あ、決めてしまうんですね。じゃあ、プラス 1$\sigma$ズレたら、偏差値 51 ですか？

**A** よくできてれば 50 より上…ならば 51 でもよさそうですが、$\sigma$で測ったズレをそのまま反映させると、ほとんどの人は 47 から 53 あたりまでに固まってしまいます。なので、**$\sigma$で測ったズレを 10 倍して足し引きします。**

| 偏差値の算出法 |
|---|
| 50 ± 10×「$\sigma$で測ったズレ具合」 |

**S** なるほど、じゃあプラス 1$\sigma$だったら 50+10=60 で、マイナス 2$\sigma$だったら 50−10×2=30、ってことですね！

**A** その通りです！　式で表すと、こんな感じになります。

$$\text{偏差値} = 50+10\times(\sigma\text{で測ったズレ})$$

$$= 50+10\times\frac{\text{点数}-\text{平均}}{\text{標準偏差}\,\sigma}$$

「ちょうど平均点」の人の偏差値：50

「平均 ±a$\sigma$」の人の偏差値：50±10a

**50 を中心にして、平均から何$\sigma$ズレてるかを 10 倍して足し引きする**んですね。

**A** 式よりも意味で覚えた方が、後までちゃんと頭に残りますね。50 を中心に足し引きするので、**平均から $\pm a\sigma$ 分ズレていれば、偏差値は $50\pm10a$** となります。

| 偏差値の数字の「めやす」 | |
|---|---|
| ちょうど平均点 | 偏差値 50 |
| 平均 $\pm a\sigma$ | 偏差値 $50\pm10a$ |
| 偏差値で 10 ズレる ＝ 点数が平均から $1\sigma$ 分ズレる | |

理論的にはプラスにもマイナスにも無限に進めますが、現実的には通常は 20 から 80 までの間、よほどのことがあってもゼロから 100 までの間に収まります。例えば「100 万人がテストを受けて、自分だけ 100 点満点。他の人はみな 0 点（平均はほぼ 0 点）」「同じテストで自分だけ 0 点・他の人はみな 100 点（平均はほぼ 100 点）」などという状況を仮定しましょう。

S すごく極端ですね…後者は絶対落ち込みそう…

A あくまで仮想的なケースですから、落ち込まないで！　この時、分散や標準偏差を計算できますか？　簡単のため、平均点は 0 点・100 点にしてしまいましょう。

S え？　えーと、前者でも後者でも、自分以外の受験者は点数＝平均点だから、ズレは 0。自分一人だけ、ズレがプラス 100 点か、マイナス 100 点ですよね。それを 2 乗したら、$100^2=10{,}000$ で…

A 「ズレの 2 乗の総和」は、どちらのケースでも 10,000 です。後は、人数で割るんでしたね。

S 10,000 を 100 万人で割るから、分散は 1 万÷100 万＝0.01。標準偏差 $\sigma$ は、そのルートをとって、0.1 です。

A さて、すると偏差値は？

S 両方とも$\sigma=0.1$をものさしに測定するから、100 点分のズレは、$\pm100\div0.1=\pm1{,}000\sigma$。そうすると偏差値は、$50\pm1000\times10$で、前者が 10,050、後者が$-9{,}950$！

A 正解です！　この 100 万人をどんどん大きくしていけば、いくらでも極端な値をとれますよね。ただし現実的にはこのような値をとることはまずあり得ないので、多くの場合は 0 から 100 の間に収まって「使いやすい」値になるのです。

S たしかに偏差値マイナスとか、100 超えとかは、見たことがないです。

A むしろ、「基本的に 50 付近、だいたい 0 から 100 の間に収める」ために、10 倍して足し引きする計算法を作った…とも言えます。

S なるほど！　計算法をみて、偏差値 40 と 60 とか、30 と 70 とかは平均の上下で同じ程度のズレってのは、わかりました。だけど、どのくらい珍しいんでしょうか？

A はい、これが最初のテーマでしたね。**40 や 60 は±1$\sigma$分のズレ、30 や 70 なら±2$\sigma$分のズレ**です。おそらく前者はそこそこ、後者はかなりの珍しさ…のような実感はあると思います。ですが、もう少し踏み込んで、**上位・下位何％くらいにいるか？**　について、ある程度目安をつけることができます。

S 偏差値の数字で、どれくらいの順位かがわかるのは、便利ですね！

A ただし、「どんなケースでも必ず分かる」わけではないので、ちょっと注意がいります。これからお話しする部分は、「データ（得点）をまとめたとき、『キレイな』形にまとまっている」際に成り立つ性質です。

S キレイな形って？？？

A 次に示すような、釣り鐘型の分布です。**正規分布**とよびます。特徴は、**「平均値付近が最も多く」「左右対称」「外れ値がない」**ことですね。

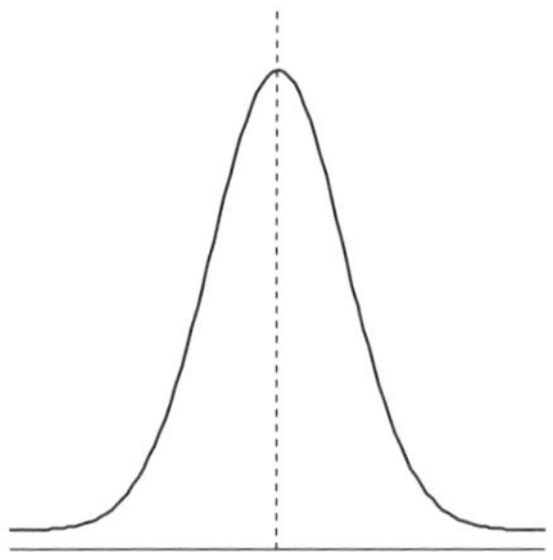

S なるほど…じゃあ、この形にならないデータだったら、これからの話は成り立ちにくいってことですね？

A そうですね。例えばここに示すような、「どの点数もほぼ同じ人数」「二つ峰がある」「左右どちらかに大きく歪んでいる」ようなケースでは、偏差値から順位を推定するのは難しくなります。

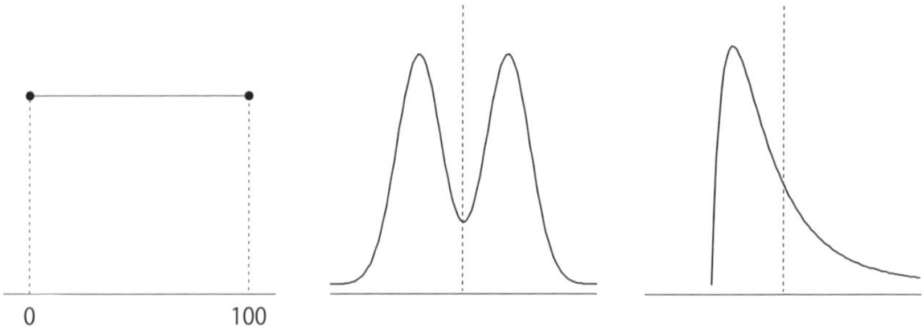


S キレイな分布と形が違うと、推定できなくなるってことでしょうか？

A そうですね。ここから紹介するのは、「**キレイな分布で 1σ分ズレてる人がいたときに、それより『さらに上』にどのくらいの人がいるか？**」を計算したデータなんです。すなわち、次の図の斜線部が、全体の何％に相当するかの数字です。

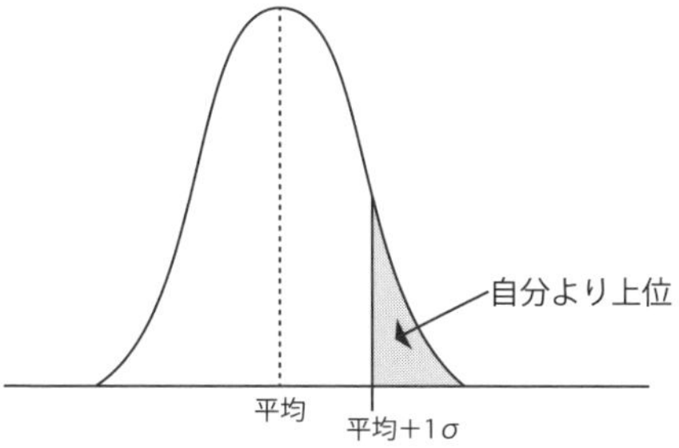


もともとの分布の形が大きく変わると、「自分よりさらに上に何％いる？」は、数字が大きく変化してしまいますから、うまく行かないんですね。もっとも、「キレイな分布」に近い形になるケースは多いですし、数字の出し方を見ておくこと自体は、他の分布でも役に立ちますよ。

S わかりました！

## 3 数表の読み方は？

A さて、次のページの表が数表（正規分布表）です。

S うわあ…

A 数字の羅列でちょっと嫌になりそうですが、全部の値を使うわけではないので、ちょっと頑張りましょう！　まず読み方ですが、縦軸、横軸ともに「何σ分ズレてる？」を読み取るために使います。

S タテは 0.0 から 0.1 刻み、ヨコは 0.00 から 0.01 刻みですね。

A 少しややこしいのですが、「一の位と小数第一位」をタテ方向に、「小数第二位」をヨコ方向に合わせて読みます。例えば偏差値 75.1 だと、ズレは何σ分でしょうね？

S 75.1 なら、50 からプラス 25.1 のズレだから、10 で割ってプラス 2.51 σですね。

A そうですね。この 2.51 を、「2.5」と「0.01」に分けます。

S あ、それで 2.5 をタテから、0.01 をヨコから読み取るのかな？

A その通りです。まずタテ方向は 2.5 のところ、0.9938 から始まるとこ

## 正規分布表

正規分布において、平均から$+a\sigma$ズレたとき、自分より下に
全体のどの程度が含まれる？――この割合を$Q(a\sigma)$ で表す。
以下の表は、$a$ に対する、$Q(a\sigma)$ の値を与える。

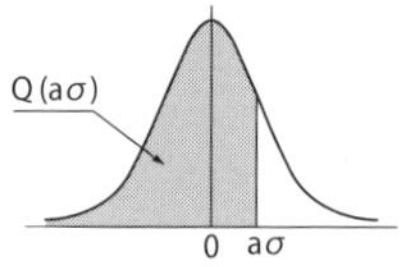


小数第二位

一の位と小数第一位

| a | 0.00 | 0.01 | 0.02 | 0.03 | 0.04 | 0.05 | 0.06 | 0.07 | 0.08 | 0.09 |
|---|---|---|---|---|---|---|---|---|---|---|
| 0.0 | .5000 | .5040 | .5080 | .5120 | .5160 | .5199 | .5239 | .5279 | .5319 | .5359 |
| 0.1 | .5398 | .5438 | .5478 | .5517 | 5557 | .5596 | .5636 | .5675 | .5714 | .5753 |
| 0.2 | .5793 | .5832 | .5871 | .5910 | .5948 | .5987 | .6026 | .6064 | .6103 | .6141 |
| 0.3 | .6179 | .6217 | .6255 | .6293 | .6331 | .6368 | .6406 | .6443 | .6480 | .6517 |
| 0.4 | .6554 | .6591 | .6628 | .6664 | .6700 | .6736 | .6772 | .6808 | .6844 | .6879 |
| 0.5 | .6915 | .6950 | .6985 | .7019 | .7054 | .7088 | .7123 | .7157 | .7190 | .7224 |
| 0.6 | .7257 | .7291 | .7324 | .7357 | .7389 | .7422 | .7454 | .7486 | .7517 | .7549 |
| 0.7 | .7580 | .7611 | .7642 | .7673 | .7704 | .7734 | .7764 | .7794 | .7823 | .7852 |
| 0.8 | .7881 | .7910 | .7939 | .7967 | 7995 | .8023 | .8051 | .8078 | .8106 | .8133 |
| 0.9 | .8159 | .8186 | .8212 | .8238 | .8264 | .8289 | .8315 | .8340 | .8365 | .8389 |
| 1.0 | .8413 | .8438 | .8461 | .8485 | .8508 | .8531 | .8554 | .8577 | .8599 | .8621 |
| 1.1 | .8643 | .8665 | .8686 | .8708 | .8729 | .8749 | .8770 | .8790 | .8810 | .8830 |
| 1.2 | .8849 | .8869 | .8888 | .8907 | .8925 | .8944 | .8962 | .8980 | .8997 | .9015 |
| 1.3 | .9032 | .9049 | .9066 | .9082 | .9099 | .9115 | .9131 | .9147 | .9162 | .9177 |
| 1.4 | .9192 | .9207 | .9222 | .9236 | .9251 | .9265 | .9279 | .9292 | .9306 | .9319 |
| 1.5 | .9332 | .9345 | .9357 | .9370 | .9382 | .9394 | .9406 | .9418 | .9429 | .9441 |
| 1.6 | .9452 | .9463 | .9474 | 9484 | .9495 | .9505 | .9515 | .9525 | .9535 | .9545 |
| 1.7 | .9554 | .9564 | .9573 | .9582 | .9591 | .9599 | .9608 | .9616 | .9625 | .6933 |
| 1.8 | .9641 | .9649 | .9656 | .9664 | .9671 | .9678 | .9686 | .9693 | .9699 | .9706 |
| 1.9 | .9713 | .9719 | .9726 | .9732 | .9738 | .9744 | .9750 | .9756 | .9761 | .9767 |
| 2.0 | .9772 | .9778 | .9783 | .9788 | .9793 | .9798 | .9803 | .9808 | .9812 | .9817 |
| 2.1 | .9821 | .9826 | .9830 | .9834 | .9838 | .9842 | .9846 | .9850 | .9854 | .9857 |
| 2.2 | .9861 | .9864 | .9868 | .9871 | .9875 | .9878 | .9881 | .9884 | .9887 | .9890 |
| 2.3 | .9893 | .9896 | .9898 | .9901 | .9904 | .9906 | .9909 | .9911 | .9913 | .9916 |
| 2.4 | .9918 | .9920 | .9922 | .9925 | .9927 | .9929 | .9931 | .9932 | .9934 | .9936 |
| 2.5 | .9938 | .9940 | .9941 | .9943 | .9945 | .9946 | .9948 | .9949 | .9951 | .9952 |
| 2.6 | .9953 | .9955 | .9956 | .9957 | .9959 | .9960 | .9961 | .9962 | .9963 | .9964 |
| 2.7 | .9965 | .9966 | .9967 | .9968 | .9969 | .9970 | .9971 | .9972 | .9973 | .9974 |
| 2.8 | .9974 | .9975 | .9976 | .9977 | .9977 | .9978 | .9979 | .9979 | .9980 | .9981 |
| 2.9 | .9981 | .9982 | .9982 | .9983 | .9984 | .9984 | .9985 | .9985 | .9986 | .9986 |
| 3.0 | .9987 | .9987 | .9987 | .9988 | .9988 | .9989 | .9989 | .9989 | .9990 | .9990 |
| 3.1 | .9990 | .9991 | .9991 | .9991 | .9992 | .9992 | .9992 | .9992 | .9993 | .9993 |
| 3.2 | .9993 | .9993 | .9994 | .9994 | .9994 | .9994 | .9994 | .9995 | .9995 | .9995 |
| 3.3 | .9995 | .9995 | .9995 | .9996 | .9996 | .9996 | .9996 | .9996 | .9996 | .9997 |
| 3.4 | .9997 | .9997 | .9997 | .9997 | .9997 | .9997 | .9997 | .9997 | .9997 | .9998 |
| 3.5 | .99977 | .99978 | .99978 | .99979 | .99980 | .99981 | .99981 | .99983 | .99983 | .99983 |
| 3.6 | .99984 | .99985 | .99985 | .99986 | .99986 | .99987 | .99987 | .99988 | .99988 | .99989 |
| 3.7 | .99989 | .99990 | .99990 | .99990 | .99991 | .99991 | .99992 | .99992 | .99992 | .99992 |
| 3.8 | .99993 | .99993 | .99993 | .99994 | .99994 | .99994 | .99994 | .99995 | .99995 | .99995 |
| 3.9 | .99995 | .99995 | .99996 | .99996 | .99996 | .99996 | .99996 | .99996 | .99997 | .99997 |
| 4.0 | .999968 | .999970 | .999971 | .999972 | .999973 | .999974 | .999975 | .999976 | .999977 | .999978 |
| 4.1 | .999979 | .999980 | .999981 | .999982 | .999983 | .999983 | .999984 | .999985 | .999985 | .999986 |
| 4.2 | .999987 | .999987 | .999988 | .999988 | .999989 | .999989 | .999990 | .999990 | .999991 | .999991 |
| 4.3 | .999991 | .999992 | .999992 | .999993 | .999993 | .999993 | .999993 | .999994 | .999994 | .999994 |
| 4.4 | .999995 | .999995 | .999995 | .999995 | .999996 | .999996 | .999996 | .999996 | .999996 | .999996 |
| 4.5 | .9999966 | .9999968 | .9999969 | .9999971 | .9999972 | .9999973 | .9999974 | .9999976 | .9999977 | .9999978 |
| 4.6 | .9999979 | .9999980 | .9999981 | .9999982 | .9999983 | .9999983 | .9999984 | .9999985 | .9999986 | .9999986 |
| 4.7 | .9999987 | .9999988 | .9999988 | .9999989 | .9999989 | .9999990 | .9999990 | .9999991 | .9999991 | .9999992 |
| 4.8 | .9999992 | .9999992 | .9999993 | .9999993 | .9999994 | .9999994 | .9999994 | .9999994 | .9999995 | .9999995 |
| 4.9 | .9999995 | .9999995 | .9999996 | .9999996 | .9999996 | .9999996 | .9999996 | .9999997 | .9999997 | .9999997 |

ろです。

**S** ヨコ方向は0.01だから、2列目ですね。そうすると値は、0.9940でした。

**A** うまく読み取れました！　この0.9940（99.4%）は、「自分（＝偏差値75.1、平均プラス2.51σ）より下に、全体のうちどの程度が含まれるか？」を指します。すなわち、「**全体の99.4%は、2.51σより下に含まれる**」となります。

**S** 下に99.4%なら、上から考えると0.6%だから、上位0.6%ってことなんですね。かなり珍しい、つまり優秀な成績ってことになりますね。

**A** はい。では、プラス1σ・2σ・3σ、それぞれ同じように値を読み取れますか？

**S** わかってきました！

> 1σの偏差値**60**なら、正規分布表の1.00のところを見て、
> 値は0.8413。
> 1−0.8413＝0.1587で、**上位15.9%**。
> 2σの偏差値**70**（表の2.00のところ）なら、値は0.9772。
> 1−0.9772＝0.0228だから、**上位2.3%**。
> 3σの偏差値**80**（表の3.00のところ）なら、値は0.9987。
> 1−0.9987＝0.0013で、**上位0.13%**。

になりました。

**A** よくできました！　キレイな分布のグラフは左右対称なので、偏差値が40・30・20の時は、「下位○%」が同じ値になります。

**S** 偏差値20とか偏差値80でも、上位・下位0.13%みたいに珍しい値なんですね。それなら、0以下とか100以上みたいな値がまず出てこないのも、なんとなくわかります。

**A** 1σ（偏差値10）ずつ見ていくと、珍しさがある程度実感できると思います。さて、ちょっと中途半端な数字ですが、「1.96σ」のところの

値はいくつでしょう？

**S** 1.96$\sigma$ですか？　タテ行が1.9、ヨコ列が0.06だから、0.9713で始まる行を見て…0.9750です。1－0.9750＝0.025だから、上位2.5%かな？

**A** そうですね。では、左右対称であることを考えて、「平均プラスマイナス1.96$\sigma$」の範囲を考えると、全体の何%が含まれるでしょうね？

**S** プラスマイナス1.96$\sigma$…??

**A** 図で考えるとわかりやすくなりますか？　次の図のグレーの部分が、全体に対して何%になるか？を考えてみましょう。グレーの上下それぞれの切れ端の割合は…

**S** あ！　わかりました。上の切れ端も下の切れ端も全体の2.5%だから、100%－2.5%－2.5%で、全体の95%が含まれます！

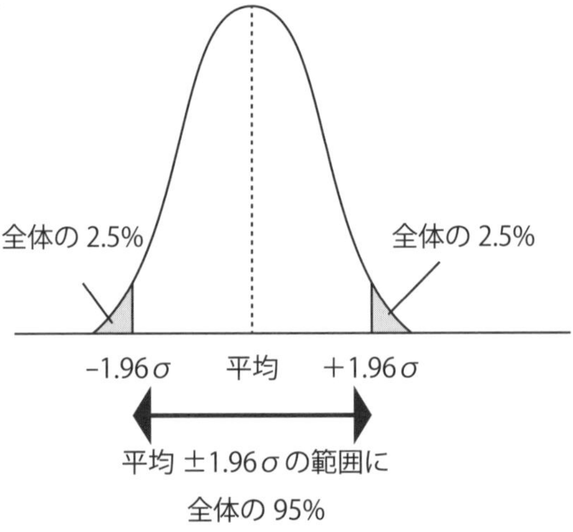


**「1.96$\sigma$」の意味は？**

**平均±1.96$\sigma$の範囲に、全体の95%が含まれる**

A いま計算してもらった「**キレイな分布だと、プラスマイナス 1.96σ（正確には、平均プラスマイナス 1.96σ）の範囲に、全体の 95% が含まれる**」もしくは、「キレイな分布で平均から 1.96σ以上離れるケースは、全体の 5%」という結果は、この後もさまざまな形でずっと出てきます。あとからも詳しく紹介しますが、

「1.96σ以上ズレるのは、全体の 5%以下で、とっても珍しいこと」

とだけ覚えておきましょう。

S じゃあ、覚えておきます！

## 4 数表のワナは？

A いま見てきたように、「キレイな分布」に近い時であれば、難しい計算をしなくても珍しさ＝全体の中での順位を数値で評価することができます。ただ、「平均＋1σ＝全体の上位 15.9%」は、**どんなデータでも成り立つわけではありません。**

S キレイな分布じゃなかったら、数字はあてはまらないってことですよね。

> 「何σ離れてる？」と「全体の何%？」
>
> **キレイな分布（正規分布）のときのみ**
> **数表の値を使って OK**

A 例えば、100 点満点のテストを 101 人が受けて、0 点から 100 点まで 1 人ずつきっちり分かれたケースを考えましょう。この場合、平均点は 50 点です。分散を計算をするのはちょっと大変ですが、できますか？

S 式を書くのが大変ですね…平均は 50 点で、0 点（ズレ＝マイナス 50）から 100 点（ズレ＝プラス 50）まで 1 人ずつだから、分散は

$$\text{ズレの2乗の和÷人数}$$

$$=\frac{(0-50)^2+(1-50)^2+\cdots+(99-50)^2+(100-50)^2}{101}$$

$$=850$$

でした！　だから標準偏差は、$\sqrt{850}=29.1$ 点です。

**A** 文章で書くとすぐ終わってしまいますが、そこそこ大変な作業ですね。さて、標準偏差 $\sigma$ が 29.1 点だとすると、「平均プラスマイナス 1$\sigma$」に含まれるデータはいくつあるでしょう？

**S** 50−29.1＝20.9、50＋29.1＝79.1 だから、21 点から 79 点がプラスマイナス 1$\sigma$ の範囲でした。人数は 59 人だから、**59÷101＝58.4%** です。

**A** では、数表からだとどうでしょう？

**S** 1$\sigma$ のところが 15.9% だから、プラスマイナス 1$\sigma$ の範囲だと、100%−15.9%×2 で、68.2% です。数表の値より、今回のケースの方が、割合が小さそうですね。

**A** 絵で見るとわかりやすいかもしれません。数表、すなわちキレイな分布の時は、右の図のグレーの部分。今回のケースのような一様にばらつくケースでは、左の図のグレーの部分です。

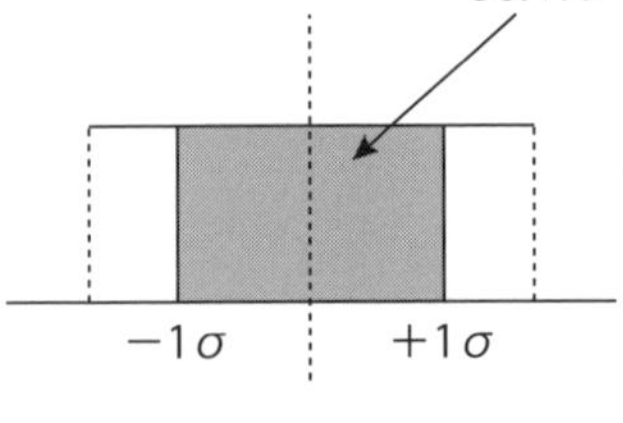


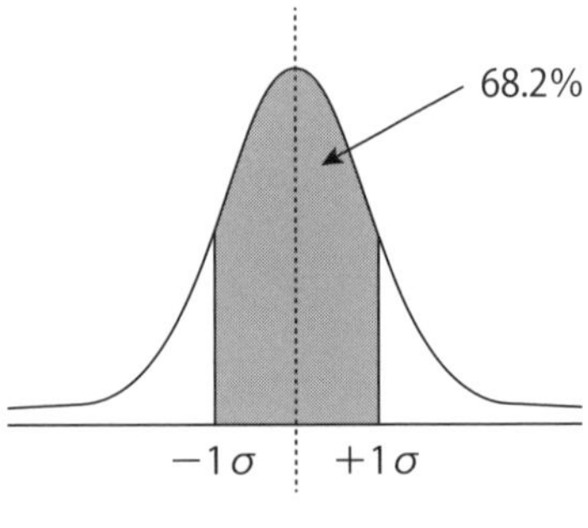


**S** 平均値のあたりに集中していない分、全体に対する割合は小さくなってますね。

**A** 今の点数の例のようになだらかに分布するとき、分布に歪みがあるときなど、「キレイな分布とみなすのにはちょっと無理があるとき」には、数表から出したパーセンテージをそのまま使うことはできません。

| 数表の値を使えないケース |
|---|
| キレイな分布（正規分布）とはみなせないとき<br>（分布がなだらかすぎる・歪みがある） |

S 分散や標準偏差を計算することは、問題ないんですよね？

A もちろん、どんな分布でも**「ばらつきの指標」として分散や標準偏差を求めることは可能**です。やっていけないのは、「数表の値を、『キレイ』でない分布にそのまま当てはめてしまうこと」なので、そこは気を付けて下さい。

S わかりました！

A もう一つ時々ある誤解なのですが、「**どんなデータでも、数が多くなれば『キレイ』な分布に近づいていく**（すなわち、数表の値をそのまま使える)」のように思っている人が、少なからずいます。

S 数が多ければ、キレイな分布になる？

A ちょうど大きな予備校の模試や、センター試験のように、たくさんの人数がいれば、自然とキレイな分布になる…というような誤解です。

S なんとなく、人数が大きければそうなるのかな？　とも思っちゃいそうですが…

A 誤解するのも無理はなくて、「中心極限定理」と呼ばれる似た定理があるんです。「どんなデータでも、特別な操作をしておけば、データ数を多くするとキレイな分布に近づく」っていう内容なんです。

| 中心極限定理のよくある誤解 | |
|---|---|
| × | どんなデータでも、データ数が多くなれば<br>キレイな分布に近づく |
| ○ | どんなデータでも、**「特別な操作」**をすれば、<br>データ数が多くなればキレイな分布に近づく |

S うーん、「特別な操作」って何なんでしょう？

A 特別な操作が何なのかは、この後の章で種明かしをしましょう。ここでは、「データそのものが自然にキレイな分布に近づいていくわけじゃない。いったん、分布のグラフを描いて確認すること」くらいに理解しておけば大丈夫です。

## 5 「運が悪い」と「元々おかしい」の境界は？

A これから先お話しする統計の基本は、「新しいものと今までのものが、違うかどうか？」を評価することです。

S 違うこと、とは？

A 例えば、何かの教育法の効果を試したとしましょう。新しい教育法の 100 人は全員合格した。今までの教育法の 100 人は全員不合格だった…これなら、誰もが「この教育法はスゴい」となりますよね？

S 100% 対 0% なら、私もやってみたいです！

A もう一つ考えてみましょう。「新しい教育法だと 100 人中 35 人が合格した。今までの教育法だと 100 人中 30 人が合格した」…だったらどうですか？

S うーん、合格者は 5 人増えてるけど、たまたまうまく行っただけかもしれないし、ちょっと判断しづらいですね…

A そうですね。5人くらいならば、教育法自体には何の効果もなかったとしても、偶然増えたり減ったりすることも十分にあり得ますね。

S 教育法に効果があったから5人増えたのか、何にも効果がないけどたまたま5人増えたのか、どっちなのかな…

A 今考えてもらった、「5人増えたのは教育法のおかげ？　単なる偶然？」のような考え方が、とても大事ですよ。ここからお話しする仮説検定も、次の推定の話も、基本は同じ考え方です。もっと単純な例で、考えてみましょう。

S お願いします！

## 6　サイコロのせい？　運のせい？

A さて、ちょっと怪しいゲームで考えてみましょう。
**サイコロを振って、1から4が出たら、さじょーさんの勝ち。5か6が出たら、私の勝ち。**賭け金は二人とも1万円ずつです。

S え？　1−3と4−6じゃなくて、1から4が私の勝ちで、5と6が先生の勝ちなんですか？　しかも賭け金は同じ？

A はい、もちろん勝った方が総取りできます。

S 自分が勝つ目が1から4の4つで、負ける目が5, 6の2つですから、私の方が有利ですよね…1回くらいなら、やってみてもいいのかな。

A そう思いますよね。で、1回勝負してみたら、5が出て負けちゃったとします。

S あ、運が悪い…

A ここが大事です。1回負けたくらいなら、「あー今日運悪かった」で片付く人が多いと思います。でも、2回とか3回とか、あるいはついつい熱くなって10回勝負して、10回とも5か6が出たとしたら…

S 10回だったら、10万円取られちゃうんですよね!?　それは納得いかないというか、何かサイコロが怪しいんじゃ？　って思っちゃいます。

A さじょーさんだったら、**何連敗まで我慢できますか？**

**S** 我慢？

**A** すなわち、「あ一運悪かった！」で流せる限界が、何連敗かってことですね。

**S** うーん…もともと怪しそうだし、2連敗くらいでちょっとおかしいなって思って、3連敗あたりが限界かな？

**A** どこまで我慢しきれるかは、その人次第でしょう。1回目ですでに疑う人もいるでしょうし、4−5回目くらいまで耐える人もいるはずです。賭け事に熱くなりやすい人ならば、7連敗・8連敗してもまだまだ勝負を続けるかもしれません。ただ、ここで大事なのは、どんな人でも「運が悪かったから負けた」が、「サイコロが仕組まれていたから負けたんじゃ？」に変わる瞬間、すなわち我慢の限界があるってことなんです。

| サイコロの「我慢の限界」とは？ | |
|---|---|
| 我慢の限界以前 | インチキはなくて、運が悪いから負けた |
| 我慢の限界以降 | 運が悪かったのでなく、もともと仕組まれていたから負けた |
| 「何連敗」で限界になるかは、人によって異なる | |

**S** 我慢の限界…あ、わかりました！ 「**運が悪かったからN連敗した**」が、さっきの教育法の例だと「教育法に効果はないけど、偶然合格者が増えた」。「**サイコロが仕組まれていたから、N連敗した**」が、「教育法に効果があるから合格者が増えた」になるんですね！

**A** よく見抜きましたね！ その通りです。最初は偶然と考えるけど、だんだん偶然で説明しきれなくなって、最終的には元々違ってたんだ！ と結論する。この流れを、少し数字で追いかけてみましょう。

## 7 我慢の限界＝有意水準の使い方

A さて、何連敗から「仕組まれた！」と考えるか、人によってバラバラのままの「我慢の限界」では議論ができませんので、数字で解決する方法を考えましょう。

S うーん…やっぱり怪しそうだから、「仕組まれた」確率を計算するのかな？

A 自然な考え方ですよね。でもちょっと困ることがあります。例えば、「**サイコロが仕組まれていたとき、5 か 6 が出る確率**」って、計算できますか？

S え？　仕組まれてたんだから、100% とかじゃダメですか？

A そこが落とし穴になります。「仕組まれた」はいろいろなケースがあって、5, 6 が出る確率が 100% かもしれないし、95% かもしれないし、もしかしたら 30% くらいかもしれません。

S そうか…「絶対に負ける」100% じゃなくても、いろんな細工ができちゃいますよね。

A 「サイコロが仕組まれている」ことをムリヤリ数学的に言い換えるなら、こうなります。

**「5 か 6 が出る確率は、$\frac{1}{3}$ では『ない』」**

S うーん、確かに $\frac{1}{3}$ 以外の数字だったら、いくつだろうと「仕組まれてる」ってなりますね。

A では、このときに N 連敗する確率、計算できますか？

S そんなのムリです！　一つだけ言えるとしたら、$\frac{1}{3}$ の N 乗「じゃない」ってくらいかな…でも、これじゃ先に進めないですよね。

A N 連敗して大損していたら、心の中では「絶対仕組まれている！」って考えたくなるのは自然です。ですが、数字で解決する＝確率を計算するには、いったん「仕組まれていない」から再出発するしかないんですね。「仕組まれていないときにN連敗」する確率は…

S あ、なるほど！　それなら簡単、$\frac{1}{3}$のN乗ですよね。

<table>
<tr><th colspan="3">「インチキだ」と言いたいけれど…</th></tr>
<tr><td></td><td>1回負ける確率</td><td>N回続けて負ける確率</td></tr>
<tr><td>インチキない</td><td>計算可能 $\left(\frac{1}{3}\right)$</td><td>計算可能 $\left(\frac{1}{3}\text{のN乗}\right)$</td></tr>
<tr><td>インチキあり</td><td>計算不可能<br>「$\frac{1}{3}$ではない」</td><td>計算不可能<br>「$\frac{1}{3}$のN乗ではない」</td></tr>
<tr><td colspan="3">「インチキあり」を前提にすると、計算できない！</td></tr>
</table>

A その通り、こちらは、すぐに求められます。N連敗して憤懣やるかたないところですが、いったん矛先を収めて、**「仕掛けがないときに偶然N連敗する確率」**を計算します。求まった確率が、我慢の限界より大きければ、まだ結論は出せません。

S 負けがこんできて我慢の限界を下回ったら、偶然だとした仮定そのものが間違っていて、「サイコロが仕組まれていたからN連敗した」とできるんですね。限界はいくつなんでしょう？

A 大事な質問ですね！　もちろん個人差がありますし、絶対的に正しい値があるわけではありません。しかし**多くの場合で我慢の限界は5%に設定されています。この数字を、有意水準と呼びます。**

S 有意水準？

A 統計的に「意」味が「有」る…とでも考えればよいでしょうか？　例えば２連敗なら、仕組まれていない状態で偶然２連敗する確率は…

S 当然、$\frac{1}{3}$ の２乗で、$\frac{1}{9}$ ＝11.1% ですよね。5% よりはまだ大きいから、偶然の可能性も捨てきれないってことかな？

A その通りです。では、３連敗だと？

S $\frac{1}{3}$ の３乗で、$\left(\frac{1}{3}\right)^3=\frac{1}{27}$，約 3.8% です。5% より小さくなったから、偶然負けた仮定は捨てられますね！

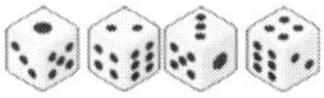＝勝ち、　＝負け　の賭けで

偶然N連敗 !!

| N（連敗数） | 1 | 2 | 3 | 4 | 5 | 6 | 7 | 8 | 9 |
|---|---|---|---|---|---|---|---|---|---|
| 偶然負ける確率（%） | 33% | 11% | 3.7% | 1.2% | 0.4% | 0.1% | 0.1% 未満 | | |

まだ
偶然かも？
（確率＞我慢の限界 5%）

(?_?)

さすがにおかしい！
（確率 ＜ 我慢の限界 5%）

＼（｀０´）／

A だいたい、流れが分かってきましたか？　偶然観測される可能性が 5% を下回れば、「仕組まれてなくて、偶然負けた」の仮定を捨てて、「サイコロには仕掛けがある」と結論できます。前者の仮説「サイコロに仕掛けはなくて、負ける確率は $\frac{1}{3}$ である」を**帰無仮説**、後者の仮説「サイ

コロには仕掛けがあって、負ける確率は $\frac{1}{3}$ ではない」を**対立仮説**と呼びます。

| 帰無仮説と対立仮説 | | |
|---|---|---|
| | **サイコロ** | **なんでN連敗？** |
| 帰無仮説 | **インチキなし** | **偶然N連敗した** |
| 対立仮説 | **インチキあり** | **インチキがあったから負けた！** |

S 「とくにインチキはないけど、偶然負けた」が帰無仮説で、「元々違うから負けたんだ！」が対立仮説ですね。

A そうですね。何か実験をするときは、「今までよりもうまくいった！」のように差を出したくなるのが常ですから、本当は対立仮説から出発したいんです。ですが、対立仮説からでは計算ができませんので、いったん帰無仮説から出発するんですね。

S **帰無仮説のもとで、観測された出来事（N連敗）が起こる確率を計算する。求めた確率 $\left(\frac{1}{3}\right)^N$ が有意水準5%より小さければ、帰無仮説を捨てて、「仕掛けがある」という対立仮説を採用できるんですね。**

A 帰無仮説を捨てる（否定する）ことを、**棄却**と呼びます。

1. **もともと差がないと仮定する。（帰無仮説の設定）**
2. **差がない場合に、観測された出来事が偶然起きる確率を求める。**
3. **上で求めた確率と、我慢の限界＝有意水準5%との大小を比べる。**
4. **確率が有意水準5%を下回っていれば、帰無仮説を棄却として、「もともと違いがあった」と結論する。**

帰無仮説を棄却できた状態が、よく聞かれる**「差が有意である」「有意差がある」「統計学的に有意である」**という状態です。偶然起こる確率が 5% を下回るかどうかで、有意差があるかどうかが決まります。

| | |
|---|---|
| 1 | **いったん差がないと仮定（帰無仮説の設定）** |
| 2 | **観測されたできごとが、差がない状況で偶然起こる確率を計算** |
| 3 | **計算した確率と、有意水準 5% の大小を比較** |
| 4 | **確率＜ 5% なら、帰無仮説を捨てて「偶然ではなく、もともと差があった」と結論** |

S いったん「差がない」と仮定するのはなんとなく抵抗があったけど、そうしないと計算もできないし、棄却もできないからなんですね。

A そうですね。確率を計算できるのは、「差がない」仮定を置いたときのみです。少々ややこしいと感じるかもしれませんが、「急がば回れ」の考え方を、理解できるといいですね！

S わかりました！

# 4章のまとめ

## 1 ズレのものさし＝標準偏差

起こったことの珍しさを、平均からのズレ具合で測る。

ズレのものさし＝標準偏差は、

$$\text{標準偏差}\,\sigma = \sqrt{\frac{(\text{点数と平均のズレ})^2\,\text{の総和}}{\text{人数}}}$$

「何点ズレたか？」ではなく、「何$\sigma$ズレたか？」で評価する！

## 2 仮説検定の考え方

観測されたできごとが、

「差があるから起きた」と考える ⟹ 計算不可能
「差がないのに偶然起きた」と考える ⟹ 計算可能

なので、「差がない」という仮定から出発する。

| | |
|---|---|
| 1 | いったん差がないと仮定（帰無仮説の設定） |
| 2 | 観測されたできごとが、差がない状況で偶然起こる確率を計算 |
| 3 | 計算した確率と、有意水準 5% の大小を比較 |
| 4 | 「確率＜5%」なら、帰無仮説を捨てて<br>「偶然ではなく、もともと差があった」と結論 |

# 5章

# 運動してる人は、ホントにやせる？
## ——二つのグループの差の検定

S おはようございます！

A おはようございます。前回は、仮説検定の考え方を紹介しました。

S いったんは「偶然起きた！」を仮定して、珍しさを計算して、有意水準以下だったら「やっぱり偶然じゃなくて、もともと違ってた！」って考えるんですね。

A 示したいのは「差がある！」なのですが、いったん逆の仮定をおいて、珍しさを計算してから否定（棄却）する…ところがポイントです。

S ちょっとややこしく見えたけど、差がないところからスタートしないと、そもそも計算もできないから、なんですよね！

A そうですね。今回は、よく出てくる「二つのグループに差があるかどうか？」の検定法を紹介します。

S おねがいします！

## 1 せっかくの± 1.96 シグマ、なぜ使えない？

A 今回は、こんな例を考えてみましょう。

ある会社で運動習慣と体重の関連を調べるために、男性社員のうち「運動習慣のある人」と「そうでない人」を 26 人ずつ合計 52 人を集めて、体重を測ってみた。結果は表の通りで、運動ありの人は平均 62.0kg、運動なしの人は平均 65.0kg だった。さて、「運動ありの人は体重が軽い」と言えるだろうか？

**表 1** 「運動あり群」「運動なし群」の体重

| | 運動あり群 | 運動なし群 | | 運動あり群 | 運動なし群 |
|---|---|---|---|---|---|
| 1 | 65.3 | 71.4 | 15 | 65.5 | 59.1 |
| 2 | 68.5 | 64.8 | 16 | 61.4 | 65.6 |
| 3 | 58.9 | 61.1 | 17 | 62.3 | 68.0 |
| 4 | 61.7 | 65.5 | 18 | 60.5 | 61.5 |
| 5 | 62.8 | 62.4 | 19 | 61.4 | 67.1 |
| 6 | 67.0 | 65.8 | 20 | 60.6 | 64.5 |
| 7 | 66.1 | 66.8 | 21 | 62.8 | 64.3 |
| 8 | 59.5 | 65.2 | 22 | 55.9 | 64.9 |
| 9 | 66.3 | 62.6 | 23 | 64.4 | 69.7 |
| 10 | 58.1 | 58.1 | 24 | 59.4 | 65.7 |
| 11 | 58.9 | 64.4 | 25 | 58.3 | 64.4 |
| 12 | 63.2 | 65.5 | 26 | 59.1 | 66.2 |
| 13 | 63.4 | 69.0 | | | |
| 14 | 60.6 | 66.4 | **平均** | **62.0 キロ** | **65.0 キロ** |

S 平均が 62 キロと 65 キロだから、3 キロ違うんですよね。3 キロの違いが偶然起きたのか、もともと体重が軽いから起きたのかを、計算するのかな？

A お、しっかり応用できましたね。うるさく書くと、「**もともと体重は変わらないけど、偶然平均に 3 キロの差が出た**」が帰無仮説、「**もともと体重が違うから、平均に 3 キロの差が出た**」が対立仮説です。

S なるほど。そうすると、3 キロのズレを標準偏差で割り算して…みたいな流れですか？

A ズレを標準偏差で割る、いい線いってますよ。では、今までの流れ通りに分散を計算してみましょうか。表 2 に、ズレの 2 乗までは示しておきましたよ。

S あ、助かります！　運動ありの人が平均 62kg で、平均からのズレの 2 乗を足し合わせると、10.89 ＋ 42.25 ＋…＋ 8.41 ＝ **250.0**。これを人数 26 人で割ると、250 ÷ 26 ＝ **9.62**。

運動なしの人は平均 65kg で、平均からのズレの 2 乗の和は、40.96 ＋

0.04 +…+ 1.44 = **225.0**。人数 26 人で割ると、225 ÷ 26 = **8.65**。

A 分散はうまく計算できましたね！　標準偏差はどうなりますか？

S えっと、9.62 と 8.65、それぞれルートをとって、**運動ありが $\sqrt{9.62}$ = 3.10、運動なしが $\sqrt{8.65}$ = 2.94 になりました。**

A 今までのお話だと、**3.10 や 2.94** で、「3 キロのズレ」を割り算することになりますが…

S ですよね。だけど、3.10 と 2.94、どっちで割り算すればいいんでしょう？　二つの平均をとって 3.02 とか？

A いいところに気がつきましたね。今回の例は、これまでと同じに見えますが、実は三つほど、工夫が必要なポイントがあります。

S 三つ？

A 一つはいま気付いてもらった、**群ごとに分散や標準偏差が違う**ことです。ただ、これは小さな問題で、残り二つはちょっとややこしくなります。

S どんな点でしょう？

A 「**52 人を集めてきた**」と「**平均に差があるか？**」が鍵になります。まず前者ですが、運動すると体重が減るかどうかを知りたいのは、研究に参加した人 52 人に限ってでしょうか？

S そうじゃないと思います。この会社の 52 人だけじゃなくて、本当に知りたいのは、他のいろんな人も含めて「運動習慣のある人は体重が軽いかどうか？」ですよね。

A その通りです。たまたまデータをとった人たち限定ではなくて、本来は「運動している・していない男性全員」について、体重への影響が知りたいんですよね。でも、**全員を連れてくるのは不可能だから、52 人のデータで「代用」**しているわけです。

表 2

| | 運動あり群 | | | | 運動なし群 | | |
|---|---|---|---|---|---|---|---|
| | | 平均 62.0kg からのズレ | ズレの 2 乗 | | | 平均 65.0kg からのズレ | ズレの 2 乗 |
| 1 | 65.3 | 3.3 | 10.89 | | 71.4 | 6.40 | 40.96 |
| 2 | 68.5 | 6.5 | 42.25 | | 64.8 | − 0.20 | 0.04 |
| 3 | 58.9 | − 3.1 | 9.61 | | 61.1 | − 3.90 | 15.21 |
| 4 | 61.7 | − 0.3 | 0.09 | | 65.5 | 0.50 | 0.25 |
| 5 | 62.8 | 0.8 | 0.64 | | 62.4 | − 2.60 | 6.76 |
| 6 | 67.0 | 5.0 | 25.00 | | 65.8 | 0.80 | 0.64 |
| 7 | 66.1 | 4.1 | 16.81 | | 66.8 | 1.80 | 3.24 |
| 8 | 59.5 | − 2.5 | 6.25 | | 65.2 | 0.20 | 0.04 |
| 9 | 66.3 | 4.3 | 18.49 | | 62.6 | − 2.40 | 5.76 |
| 10 | 58.1 | − 3.9 | 15.21 | | 58.1 | − 6.90 | 47.61 |
| 11 | 58.9 | − 3.1 | 9.61 | | 64.4 | − 0.60 | 0.36 |
| 12 | 63.2 | 1.2 | 1.44 | | 65.5 | 0.50 | 0.25 |
| 13 | 63.4 | 1.4 | 1.96 | | 69.0 | 4.00 | 16.00 |
| 14 | 60.6 | − 1.4 | 1.96 | | 66.4 | 1.40 | 1.96 |
| 15 | 65.5 | 3.5 | 12.25 | | 59.1 | − 5.90 | 34.81 |
| 16 | 61.4 | − 0.6 | 0.36 | | 65.6 | 0.60 | 0.36 |
| 17 | 62.3 | 0.3 | 0.09 | | 68.0 | 3.00 | 9.00 |
| 18 | 60.5 | − 1.5 | 2.25 | | 61.5 | − 3.50 | 12.25 |
| 19 | 61.4 | − 0.6 | 0.36 | | 67.1 | 2.10 | 4.41 |
| 20 | 60.6 | − 1.4 | 1.96 | | 64.5 | − 0.50 | 0.25 |
| 21 | 62.8 | 0.8 | 0.64 | | 64.3 | − 0.70 | 0.49 |
| 22 | 55.9 | − 6.1 | 37.21 | | 64.9 | − 0.10 | 0.01 |
| 23 | 64.4 | 2.4 | 5.76 | | 69.7 | 4.70 | 22.09 |
| 24 | 59.4 | − 2.6 | 6.76 | | 65.7 | 0.70 | 0.49 |
| 25 | 58.3 | − 3.7 | 13.69 | | 64.4 | − 0.60 | 0.36 |
| 26 | 59.1 | − 2.9 | 8.41 | | 66.2 | 1.20 | 1.44 |
| 平均 | 62.00 | ズレの 2 乗和 | 250.0 | 平均 | 65.00 | ズレの 2 乗和 | 225.0 |

| | | | |
|---|---|---|---|
| **標本分散（26 で割る）** | **9.62** | **標本分散（26 で割る）** | **8.65** |
| **標本標準偏差** | **3.10** | **標本標準偏差** | **2.94** |
| **不偏分散（25 で割る）** | **10.00** | **不偏分散（25 で割る）** | **9.00** |
| **不偏分散の平方根（ルート不偏分散）** | **3.16** | **不偏分散の平方根（ルート不偏分散）** | **3.00** |

## 2　標本の値？　全体の値？

S 52 人で代用すると、何か困ったことが起きますか？

A 「男性全員で測定しろ！」と言っても無理に決まっているので、研究に参加してくれた人のデータを使うのは自然なことです。ただ、全員からのデータがないときに、参加した人のデータだけを使って分析するときには、若干注意すべきことがあります。

S ??　注意とは？

A ちょっと言い方があいまいでしたね。さっき、各群の平均や標準偏差を求めてもらいましたよね？

S 運動あり群が平均 62 キロ・標準偏差 3.10 キロ、運動なし群が平均 65 キロ・標準偏差 2.94 キロだったけど、この計算じゃダメですか？

A 実験に参加した 26 人ずつのデータとしては、もちろんこれで正解です。研究に参加した人のことを標本と呼ぶので、**26 人の平均や標準偏差を、とくに標本平均・標本標準偏差**と呼びます。

| 標本平均・標本標準偏差 |
| --- |
| 研究に参加した人の平均・標準偏差 |

A 運動あり群の標本平均が 62 キロ・標本標準偏差が 3.10 キロ、これは定義通りなので OK ですが、いま本当に知りたいのは…

S あ！　26 人の標本平均とか標本標準偏差じゃなくて、後ろにいる全員の値ってことかな？

A まさに！「後ろにいる全員」のことを、**母集団**と呼びます。今知りたいのは、**母集団の平均や標準偏差（母平均・母標準偏差）**なんですね。

| | |
|---|---|
| **標本平均・標本標準偏差** | **研究に参加した人の平均や標準偏差** |
| **母平均・母標準偏差** | **知りたい集団全体での平均や標準偏差** |

Ⓢ でも、母集団の平均や標準偏差を知るためには、結局全員集めなきゃ…ってことになっちゃいませんか？　それが無理だから 26 人ずつのデータでガマンしてるのに…

Ⓐ おっしゃる通り、**母集団の数値を直接測ることはできません。**手元にあるのは 26 人ずつの標本から得た平均や標準偏差だけなので、そこから推定をすることになります。ただし、母集団の値そのものでなくて、標本の値から推定で求めるので、ちょっとした工夫が要ります。

Ⓢ 母集団からの値のかわりに標本からの値を使うから、工夫が必要ってことですね。

Ⓐ まず平均ですが、これはありがたいことに、標本からの値がそのまま使えます。すなわち、標本平均の値をそのまま母平均に代用できます。

Ⓢ え？　じゃあ、母集団の平均値も 62 キロとか 65 キロに一致するってこと？

Ⓐ いい質問ですね！　ちょっとややこしいですが「一致」でなく「代用」なんです。ですから、母平均の値がぴったり 62 キロや 65 キロに一致するわけではありませんし、そもそも母平均の値はあくまで不明です。

Ⓢ じゃあ、代用できるってどういうことですか？

Ⓐ やや安直に言えば、「ながーい目でひたすら実験を繰り返すと、やがて母平均がうっすら見えてくる」というイメージでしょうか。運動している人を 26 人集めてきて体重を測定して、平均をとる。この操作を 1 回やったら、平均が 62 キロでした。では、改めて 26 人選んで同じことをしたら、平均はどうなりますか？

Ⓢ 別の人を選んだら、何キロになるかはわからないけど、当然違う値にな

りますよね。

A そうですね。2 回目の実験をしたら、今度は 59.4 キロになったとしましょう。そして、「**26 人集める→体重を測る→平均を出す**」を、例えば 100 回とか 1000 回とか、**十分大きな回数繰り返した**とします。1 回の実験で 1 個平均値が出るので、100 回やれば 100 個、1,000 回やれば 1,000 個の、標本平均が出てきます。

S たくさん繰り返せば繰り返すだけ標本平均がとれることは、なんとなく分かります。それと、「母平均の代用」の関係は？

A 標本平均が 100 個や 1,000 個集まれば、1 回目は 65.1 キロ、2 回目は 64.2 キロ、…100 回目は 64.1 キロのような、各回の標本平均の値を集めて「標本平均の平均値」を算出することができます。母平均で代用できる、というのは…

S あ、たくさん繰り返した「標本平均の平均値」が、母平均になるってことかな？

A 正解！　細かく言えば「**標本平均の期待値（平均値）が、母平均と一致する**」です。一回一回の値はともかく、長い目で見ると、標本平均の値で母平均を代用できることになります。とくに言葉を覚える必要はありませんが、この性質を「**標本平均は母平均の不偏推定量である**」と呼びます。

S 不偏？

A この図のように、繰り返し値を積み重ねれば、母平均の値をズレ（偏り）なく推定できる…と考えればよいでしょうか。

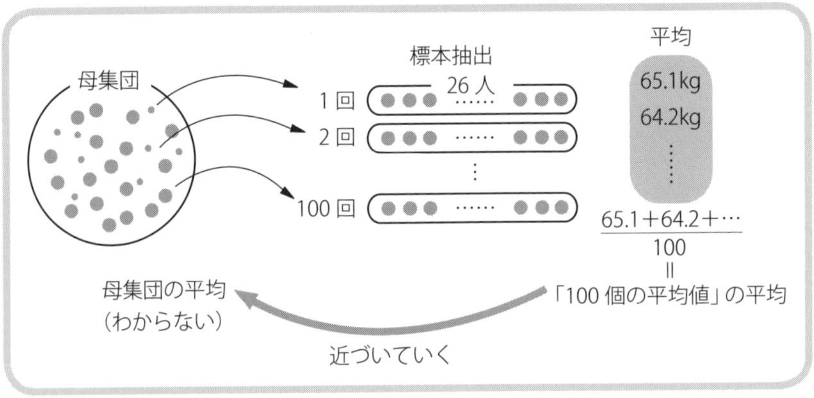


S なるほど、じゃあ分散や標準偏差も、標本分散や標本標準偏差で代用できますか？

A できます！…と言いたいところですが、残念ながらそこまでうまくは行きません。

S 残念…

A そのまま使うことはできないんですが、実は少しだけ調整をしてやると、母平均と同じように代用値をつくることができます。

S どんな調整でしょう？

A まず分散について、さっきと同じように「26人ずつ集める→体重を測る→26人の標本分散を求める」操作を100回や1,000回繰り返して、各回の数字を集めると、標本分散の「平均値」を出すことができます。ですが…

S 代用できないってことは、「標本分散の平均値」≠「母分散」なのかな？

A はい、細かく言うと、「標本分散の平均値」<「母分散」 になってしまいます。

S 繰り返しで求めた「標本分散の平均値」は、ちょっと小さくなっちゃう、ズレちゃうんですね。

A そうなんです。

| | |
|---|---|
| 標本平均 | そのまま母平均の値として代用できる<br>（標本平均は母平均の不偏推定量である） |
| 標本分散 | そのままでは母分散の値として代用不可<br>（標本分散は母分散の不偏推定量でない） |

A ですが、計算方法を少し変えることで、**ズレない値（不偏の値）を作る**ことができます。分散を出すとき、ズレの 2 乗の総和を何で割ってましたっけ？

S えーと、人数 n で割ってました。

A そうですね。ズレの 2 乗の和を人数 **n で割ると、値が小さい方にズレてしまうので、n−1 で割ってあげます。**

S 今の例だったら、n=26 でなくて、n−1=25 で割るってことですね？

A はい。**運動あり群**なら、ズレの 2 乗の和 250 を、26−1=25 で割って、**250÷25=10**。**運動なし群**は、ズレの 2 乗の和 225 を、26−1=25 で割って、**225÷25=9**。この値を、n で割った標本分散と対比させる意味で、**不偏分散**と呼びます。

| | |
|---|---|
| 標本分散 | ズレの 2 乗の和を標本数 n で割る |
| 不偏分散 | ズレの 2 乗の和を標本数 n−1 で割る |

S n で割った標本分散が 9.62 と 8.65 で、n−1 で割った不偏分散が 10.0 と 9.0ってことですね。不偏分散の方が、キレイな値になるように作ってあったのか…

A 今までのようなズレ度合いのものさしには、n で割った標本分散ではなくて、n−1 で割った不偏分散から求めた数字を使います。

S ズレ度合いのものさしは、標準偏差でした。ってことは、不偏分散のルートをとった、不偏標準偏差かな？

A これも「ごめんなさい」なんですが、「n－1で割って求めた不偏分散を、たくさん集めて出した平均値」は母分散に近づいてくれます。ですが、「$\sqrt{\text{不偏分散}}$ を、たくさん集めて出した平均値」は、母標準偏差からはズレてしまうんです。ズレてしまうので、「不偏標準偏差」とは名乗れないんですね。

S えーっ！？

A あまり気にしなくても、ここから先の理解には差し支えありません。ひとまず「**n－1で割った不偏分散を計算する。その平方根をとった $\sqrt{\text{不偏分散}}$ を基本のものさしにする**」と考えてもらえばよいでしょう。$\sqrt{\text{不偏分散}}$ の値は、計算できますね？

| | |
|---|---|
| 不偏分散 | 平均からのズレの2乗の総和を、nではなくn－1で割る<br>$\frac{\sum_{i=1}^{n}(X_i-\bar{X})^2}{n-1}$ |
| $\sqrt{\text{不偏分散}}$ | 不偏分散の正の平方根 $\sqrt{\frac{\sum_{i=1}^{n}(X_i-\bar{X})^2}{n-1}}$ |

S あ、それはルートをとるだけですよね。運動あり群が不偏分散10だから、$\sqrt{\text{不偏分散}}$ は $\sqrt{10}=3.16$ キロ。運動なし群は不偏分散9だから、$\sqrt{\text{不偏分散}}$ は $\sqrt{9}=3.0$ キロですね。

## 3　気になるズレは、何のズレ？

A 母集団の値を26人からの値で代用するために、**標本平均と $\sqrt{\text{不偏分散}}$ を使う**ことをお話ししてきました。

S 平均はそのまま、分散はnじゃなくてn－1で割るんですよね。

**A** ここから、さっきお話しした二つのポイントの後者、**平均に差があるか？**　に移りましょう。より具体的に言えば、個々人のデータはあまり重要でなくて、平均が違うかどうかに興味があるってことです。

**S** 26 人それぞれの数字よりも、グループごとの平均値が違うかどうかが気になるってことですよね？

**A** そうですね。でも、これまで計算してきた分散や標準偏差は、すべて個人の体重のばらつきを示すものさしでした。ですから…

**S** 個人のズレ度合いじゃなくて、平均のズレ度合いを示す値が必要ってことかな？

**A** よくできました。通常の分散や標準偏差は、個人データの平均値からのズレ度合いを示す指標です。今回は、運動あり群・運動なし群それぞれについて、「26 人の平均値そのもののばらつき度合い」を評価する必要があります。ちょうど不偏推定量の説明のときに、「26 人集める→体重を測る→平均を出す」を繰り返す話をしましたよね。

**S** 100 回やれば 100 個の、1,000 回やれば 1,000 個の平均値がとれるって話でした。

**A** 100 回であれば延べ 2,600 人、1,000 回なら延べ 26,000 人のデータになります。でも、2,600 人や 26,000 人の個人データはあまり大事ではなくて、平均値を 100 回、1,000 回求めたときのズレ度合いが、重要になります。

**S** なるほど、平均値のズレ度合いですか…ズレ度合いは標準偏差が基本だったから、平均の標準偏差ってことですよね？

**A** ややこしい言葉ですが、「標本平均」を何度も計算して、そのばらつき度合いを見るので、「標本平均の標準偏差」がターゲットになります。よく使う数字なので、特別な名前をつけて**標準誤差**とよばれます。

| | |
|---|---|
| **標準誤差** | **標本平均のばらつき度合いを示す数値<br>（標本平均の標準偏差）** |

S 標準誤差？

A 「誤差」と「偏差」の違いを気にしすぎると、かえって意味がわからなくなってしまうので、「標本そのもののばらつき度合い＝標準偏差」「標本から計算した平均値のばらつき度合い＝標準誤差」と割り切ってしまった方がよいかもしれませんね。

S 平均のばらつき度合い＝標準誤差、ですね。計算は複雑なのかな…

A 幸い、計算は単純な式です。個人（標本）のばらつき度合いである標準偏差を、人数の平方根 $\sqrt{n}$ で割り算すれば OK です。

$$\textbf{標準誤差} = \frac{\textbf{標準偏差}}{\sqrt{\mathbf{n}}}$$

S 今回の運動あり群なら、標本標準偏差の **3.10 を、$\sqrt{26}$ で割って、0.608**。運動なし群は、標本標準偏差の **2.94 を $\sqrt{26}$ で割って、0.577** ですか？

A その通りです。ちなみに人数が増えると、標準誤差の値はどうなるでしょうね？

S えーと… $\sqrt{人数}$ で割り算してるから、**人数が増えればだんだん小さくなる**？

A はい、ここも大事な性質なんです。人数を増やしていけば、**平均のばらつき度合い＝標準誤差は、いくらでも小さくすることができます**。この性質は、結果の解釈の時に重要な意味をもつんですが、それは後ほどお話ししましょう。

S わかりました！　…標準誤差の値が二つとれたけど、最初と同じで「どっちの値を使うの？」の問題が残ってますよね。

A そうですね。結論から言うと、二つの値を人数で重みを付けつつ統合する技を使います。次の項で説明しましょう。

S はい！

## 4 二つの誤差を、一つの誤差に

**A** 一群しかないときは、標準誤差はとても単純な式になりました。二群の時には、そのままでは取り扱えないので、次のような式で統合します。流れとしては、

> **1. 二つの群で共通に使える「共通標準偏差」を求める**
> **2.「共通標準偏差」から、「共通標準誤差」を求める**

の順番です。

**S** バラバラに出した標準誤差をあとから統合するんじゃなくて、標準偏差をまず共通化してから、標準誤差に変えるんですね。

**A** はい。まず標準偏差の統合からですね。
式は、この通りです。

**運動あり群の標本数** $n_1$　　$\sqrt{\text{不偏分散}}$ $S_1$

**運動なし群の標本数** $n_2$　　$\sqrt{\text{不偏分散}}$ $S_2$

**重みづけ平均S =**
**（共通標準偏差）**

$$S = \sqrt{\frac{(n_1-1)S_1^2+(n_2-1)S_2^2}{(n_1-1)+(n_2-1)}}$$

**S** うーん、面倒ですね…

**A** 一見すごくややこしく見えますが、実はそんなに難しくはないんです。分母と分子それぞれ、$(n_1-1)$ と $(n_2-1)$ が出てきてますよね。これはどんな数ですか？

**S** それぞれの群の人数－１ですよね。今回は両方とも 26 － 1 ＝ 25 人かな？

**A** はい。分母は（26－1）＋(26－1)＝50 になって、分子を見ると $S_1^2$ に

は（$n_1-1$）が、$S_2^2$ には（$n_2-1$）が掛け算されています。

S　そうすると、やっぱり両方25人だから、 $S_1^2 \times \frac{25}{50} + S_2^2 \times \frac{25}{50}$ になりました。「足して2で割る」ってことかな？

A　いいところに気がつきました。$n_1 = n_2$ だと、結局「**それぞれの群の $\sqrt{\text{不偏分散}}$ を2乗→足して2で割る→ルートをとる**」の流れになります。では、$n_1$ が100,000＋1人、$n_2$ が10＋1人のような、人数に大きな差があるケースではどうなりますか？

S　え？　そうすると、$S_1^2$ には $\frac{100,000}{100,000+10}$ が、$S_2^2$ には $\frac{10}{100,000+10}$ が掛け算されるから、ほとんど $S_1^2$ だけが効いてくることになるかな？

A　その通りです。すなわちこの式は、「両群のルート不偏分散の値を、人数で重み付けして調整した値」と考えれば大丈夫です。

S　なるほど！　今回は $n_1 = n_2 = 26$ だから、単純な計算になったんですね。$S_1 = \sqrt{10}$, $S_2 = 3$ だから、$(S_1^2+S_2^2)\times\frac{25}{50}=9.5$。全体のルートをとって、重み付け平均値のSは、$\sqrt{9.5} = 3.08$ になりました。

**運動あり群 $n_1 = 26$ 人、$S_1 = \sqrt{10}$**
**運動なし群 $n_2 = 26$ 人、$S_2 = \sqrt{9}$**

**「$\sqrt{\text{不偏分散}}$」の重みづけ平均S**

$$= \sqrt{\frac{(n_1-1)S_1^2+(n_2-1)S_2^2}{(n_1-1)+(n_2-1)}}$$

$$= \sqrt{\frac{(26-1)\times\sqrt{10}^2+(26-1)\times\sqrt{9}^2}{26+26-2}}$$

$$= \sqrt{\frac{25\times10+25\times9}{50}} = \sqrt{\frac{19}{2}} = \sqrt{9.5} = 3.08$$

A　これで、「共通標準偏差」、正確には「$\sqrt{\text{不偏分散}}$ の共通値」S が求まりました。この後、S を標準誤差に相当する値に変換します。

S　3 節の最後でお話ししたように、一群のときは、$\sqrt{\text{標本数}}$ で割り算してました。

A　二群になると $\sqrt{n_1} + \sqrt{n_2}$ …となると簡単なんですが、ちょっと工夫がいります。次のように、逆数の和をとる→ルートをとる→かけ算となります。

$$\text{共通標準偏差} = S \times \sqrt{\frac{1}{n_1} + \frac{1}{n_2}}$$

**（S は、$\sqrt{\text{不偏分散}}$ の重みづけ平均（共通標準偏差））**

S　$n_1 = n_2 = 26$ だから、$\sqrt{1/26 + 1/26} = \sqrt{1/13} = 0.277$。これにさっきの S ＝ 3.08 をかけ算して、**3.08 × 0.277 = 0.854** になりました！

A　これで、「共通標準誤差」に相当するものが計算できました。前回の 4 章では、「観測されたズレ」÷「標準偏差」だったわけですが、今回は「観測されたズレ」÷「共通標準誤差」の流れになります。

## 5　ズレの評価基準は、どう変わる？　―正規分布と t 分布―

S　観測されたズレは、65.0−62.0＝3.0kg でした。いま求めた $\sqrt{\text{不偏分散}}$ の重みづけ平均（共通の標準誤差）は、0.854。そうすると、3.0kg を今求めた 0.854 で割ればいいのかな？

A　その通り！　$\frac{3.0}{0.854} = 3.51$ が、ズレの基準になります。

S　じゃあ、3.51 σズレてるって考えて、この前の数表で評価すればいいんでしょうか？　確か 1.96 σが有意水準 5% のときの境目だったから、3.51 なら有意って言えるのかな？

A 考え方は、大正解…なんですが、実はもう一つだけ、厄介なことがあります。

S 厄介なこと？

A 前回説明した**1.96 $\sigma$は、データが「キレイな分布（正規分布）」に従うときの数表の値**でした。今回は、全部のデータを扱うのでなくて、いくつか取ってきた標本の値を見ているので、正規分布の数表を使えないんです。

S え？　じゃあ、何を頼りにすればいいんでしょう？

A 幸い、母集団そのものでなく、「いくつか標本をとってきて、そこから出した平均値を比べる」実験はとても頻繁に行われているので、正規分布と同じように「どのくらいズレれば有意と言えるか？」の数表が用意されています。これを、**t分布表**と呼びます。

| | |
|---|---|
| 正規分布表 | 知りたい集団のすべてのデータがわかるとき（母平均や母標準偏差がわかるとき）に使える［めったにない］ |
| t分布表 | 集団の一部のデータ（標本）のみわかるときは t検定 ［多くのケースはこちら］ |

S 正規分布でなくて、t分布の表なんですね。タテとヨコ、どう読むんでしょうか？

A 正規分布表は、「●．××$\sigma$離れてたら、全体の上位何％？」を示す表でしたが、t分布は「**全体の○％以下に入るには、最低どのくらいズレていればよい？**」を示します。横軸の$\alpha$が、「全体の○％」に相当します。

S いつも使うのは有意水準5％だから、0.05のところを見るんですね。

## t 分布表

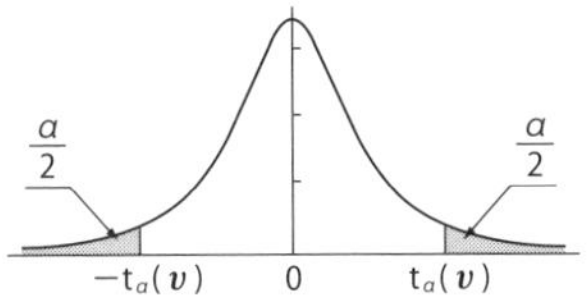


$$\alpha = \frac{\alpha}{2} + \frac{\alpha}{2}$$

| υ \ α | 0.50 | 0.40 | 0.30 | 0.20 | 0.10 | 0.05 | 0.02 | 0.01 | 0.001 |
|---|---|---|---|---|---|---|---|---|---|
| 1 | 1.000 | 1.376 | 1.963 | 3.078 | 6.314 | 12.706 | 31.821 | 63.657 | 636.619 |
| 2 | 0.816 | 1.061 | 1.386 | 1.886 | 2.920 | 4.303 | 6.965 | 9.925 | 31.599 |
| 3 | 0.765 | 0.978 | 1.250 | 1.638 | 2.353 | 3.182 | 4.541 | 5.841 | 12.924 |
| 4 | 0.741 | 0.941 | 1.190 | 1.533 | 2.132 | 2.776 | 3.747 | 4.604 | 8.610 |
| 5 | 0.727 | 0.920 | 1.156 | 1.476 | 2.015 | 2.571 | 3.365 | 4.032 | 6.869 |
| 6 | 0.718 | 0.906 | 1.134 | 1.440 | 1.943 | 2.447 | 3.143 | 3.707 | 5.959 |
| 7 | 0.711 | 0.896 | 1.119 | 1.415 | 1.895 | 2.365 | 2.998 | 3.449 | 5.408 |
| 8 | 0.706 | 0.889 | 1.108 | 1.397 | 1.860 | 2.306 | 2.896 | 3.355 | 5.041 |
| 9 | 0.703 | 0.883 | 1.100 | 1.383 | 1.833 | 2.262 | 2.821 | 3.250 | 4.781 |
| 10 | 0.700 | 0.879 | 1.093 | 1.372 | 1.812 | 2.228 | 2.764 | 3.169 | 4.587 |
| 11 | 0.697 | 0.876 | 1.088 | 1.363 | 1.796 | 2.201 | 2.718 | 3.106 | 4.437 |
| 12 | 0.695 | 0.873 | 1.083 | 1.356 | 1.782 | 2.179 | 2.681 | 3.055 | 4.318 |
| 13 | 0.694 | 0.870 | 1.079 | 1.350 | 1.771 | 2.160 | 2.650 | 3.012 | 4.221 |
| 14 | 0.692 | 0.868 | 1.076 | 1.345 | 1.761 | 2.145 | 2.624 | 2.977 | 4.140 |
| 15 | 0.691 | 0.866 | 1.074 | 1.341 | 1.753 | 2.131 | 2.602 | 2.947 | 4.073 |
| 16 | 0.690 | 0.865 | 1.071 | 1.337 | 1.746 | 2.120 | 2.583 | 2.921 | 4.015 |
| 17 | 0.689 | 0.863 | 1.069 | 1.333 | 1.740 | 2.110 | 2.567 | 2.898 | 3.965 |
| 18 | 0.688 | 0.862 | 1.067 | 1.330 | 1.734 | 2.101 | 2.552 | 2.878 | 3.922 |
| 19 | 0.688 | 0.861 | 1.066 | 1.328 | 1.729 | 2.093 | 2.539 | 2.861 | 3.883 |
| 20 | 0.687 | 0.860 | 1.064 | 1.325 | 1.725 | 2.086 | 2.528 | 2.845 | 3.850 |
| 21 | 0.686 | 0.859 | 1.063 | 1.323 | 1.721 | 2.080 | 2.518 | 2.831 | 3.819 |
| 22 | 0.686 | 0.858 | 1.061 | 1.321 | 1.717 | 2.074 | 2.508 | 2.819 | 3.792 |
| 23 | 0.685 | 0.858 | 1.060 | 1.319 | 1.714 | 2.069 | 2.500 | 2.807 | 3.768 |
| 24 | 0.685 | 0.857 | 1.059 | 1.318 | 1.711 | 2.064 | 2.492 | 2.797 | 3.745 |
| 25 | 0.684 | 0.856 | 1.058 | 1.316 | 1.708 | 2.060 | 2.485 | 2.787 | 3.725 |
| 26 | 0.684 | 0.856 | 1.058 | 1.315 | 1.706 | 2.056 | 2.479 | 2.779 | 3.707 |
| 27 | 0.684 | 0.855 | 1.057 | 1.314 | 1.703 | 2.052 | 2.473 | 2.771 | 3.690 |
| 28 | 0.683 | 0.855 | 1.056 | 1.313 | 1.701 | 2.048 | 2.467 | 2.763 | 3.674 |
| 29 | 0.683 | 0.854 | 1.055 | 1.311 | 1.699 | 2.045 | 2.462 | 2.756 | 3.659 |
| 30 | 0.683 | 0.854 | 1.055 | 1.310 | 1.697 | 2.042 | 2.457 | 2.750 | 3.646 |
| 31 | 0.682 | 0.853 | 1.054 | 1.309 | 1.696 | 2.040 | 2.453 | 2.744 | 3.633 |
| 32 | 0.682 | 0.853 | 1.054 | 1.309 | 1.694 | 2.037 | 2.449 | 2.738 | 3.622 |
| 33 | 0.682 | 0.853 | 1.053 | 1.308 | 1.692 | 2.035 | 2.445 | 2.733 | 3.611 |
| 34 | 0.682 | 0.852 | 1.052 | 1.307 | 1.691 | 2.032 | 2.441 | 2.728 | 3.601 |
| 35 | 0.682 | 0.852 | 1.052 | 1.306 | 1.690 | 2.030 | 2.438 | 2.724 | 3.591 |
| 36 | 0.681 | 0.852 | 1.052 | 1.306 | 1.688 | 2.028 | 2.434 | 2.719 | 3.582 |
| 37 | 0.681 | 0.851 | 1.051 | 1.305 | 1.687 | 2.026 | 2.431 | 2.715 | 3.574 |
| 38 | 0.681 | 0.851 | 1.051 | 1.304 | 1.686 | 2.024 | 2.429 | 2.712 | 3.566 |
| 39 | 0.681 | 0.851 | 1.050 | 1.304 | 1.685 | 2.023 | 2.426 | 2.708 | 3.558 |
| 40 | 0.681 | 0.851 | 1.050 | 1.303 | 1.684 | 2.021 | 2.423 | 2.704 | 3.551 |
| 50 | 0.679 | 0.849 | 1.047 | 1.299 | 1.676 | 2.009 | 2.403 | 2.678 | 3.496 |
| 60 | 0.679 | 0.848 | 1.045 | 1.296 | 1.671 | 2.000 | 2.390 | 2.660 | 3.460 |
| 80 | 0.678 | 0.846 | 1.043 | 1.292 | 1.664 | 1.990 | 2.374 | 2.639 | 3.416 |
| 99 | 0.677 | 0.845 | 1.042 | 1.290 | 1.660 | 1.984 | 2.365 | 2.626 | 3.392 |
| 100 | 0.677 | 0.845 | 1.042 | 1.290 | 1.660 | 1.984 | 2.364 | 2.626 | 3.390 |
| 120 | 0.677 | 0.845 | 1.041 | 1.289 | 1.658 | 1.980 | 2.358 | 2.617 | 3.373 |
| 240 | 0.676 | 0.843 | 1.039 | 1.285 | 1.651 | 1.970 | 2.342 | 2.596 | 3.332 |
| ∞ | 0.674 | 0.842 | 1.036 | 1.282 | 1.645 | 1.960 | 2.326 | 2.576 | 3.291 |

自由度 $\upsilon$（ニュー）の t 分布について、特定の両側確率 $\alpha$ に対応する t の値を与える。

縦軸は何でしょう？

A 縦軸は、自由度 $\nu$ （ニュー）と呼ばれる単位です。自由度は、標本数で決まります。具体的には、各群について（標本数 n−1）を出して、全て足し合わせます。

S 今回だったら、$n_1 = n_2 = 26$ だから、**自由度＝(26−1)＋(26−1)＝50** ってことですね。縦軸が 50、横軸が 0.05 の所を見ると、2.009 でした。さっきの値は 3.51 だったから、**2.009 ＜ 3.51** で、今度こそ「体重に有意差あり」と言えますか？

A よくできました！　正規分布表からの 1.96 でなくて、t 分布表からの 2.009 を使うことがポイントですね。この手法を **t 検定**と呼びます。ソフトを使えば自由度に対応した t 検定を勝手に実施してくれますが、考え方を理解しておくのは大事なことです。

S 標準偏差と標準誤差とか、正規分布と t 分布とか、少しやり方は変化したけど、「ズレ具合を標準化して、珍しさを評価する」ことは共通なんですね！

A そうですね。いま、自由度 50 だから数表の値は 2.009 になりましたが、同じ 5% 点で、自由度が変わるとどうなるでしょう？

S 同じ列で、上下の値を見ればいいんですよね。自由度 1 だと 12.706… すごく大きいです。自由度 2 なら 4.30、自由度 3 なら 3.18 と、だんだん小さくなっていきます。

A その通り、自由度が小さいと 5%点の数値はどんどん大きくなります。もともと自由度は何の値でしたっけ？

S えーと、標本数−1 でした。

A すると、自由度が小さくなるのは、どんなケースですか？

S そのまま考えれば、標本数が小さくなるときだから…あ、ばらつきも当然大きくなる？

A よく気がつきました！　標本数が小さければ、そこから算出した平均値は大きくばらつきますから、相当大きなズレがなければ「珍しい」とは判定できません。逆に標本数が多ければ、ほぼ正規分布と考えてよくなります。自由度が大きくなったときの値はどうなりますか？

S 自由度 100 だと 1.984、240 だと 1.970、無限大だと 1.96…あ、この 1.96 は、正規分布と同じですね？

A まさに、自由度が無限大＝きわめて多数の標本で測定をするならば、ほとんど正規分布と一致することになります。**標本の大小に応じて、適宜調整を加えた t 分布を使う**のが、t 検定なんですね。この章の最初にお話ししたように、母集団の平均や分散がすでに分かっているようなケースはきわめて少ないので、多くの場合は目の前の標本に頼らねばなりません。ですから実際の分析では、t 検定が使われる場面が多くなります。

S なるほど、わかりました！

A 次の 6 章では、t 検定とともによく出てくる「あるなしデータの検定・カイ 2 乗検定」をお話しします。

# 5章のまとめ

**2つのグループで、個々の値でなく、平均の差を見たい。なので、平均値のばらつき度合い＝「標準誤差」を求めて、「平均どうしのズレ」が偶然起きたかどうかを検定する。（t 検定）**

## 1　両群の$\sqrt{\text{不偏分散}}$を求める

$$\sqrt{\text{不偏分散}} = \sqrt{\frac{\text{「平均からのズレの2乗の和」}}{\text{標本数}-1}}$$

## 2　各群の$\sqrt{\text{不偏分散}}$を統合する

統合した$\sqrt{\text{不偏分散}}$ S＝各群の$\sqrt{\text{不偏分散}}$の「重み付け平均」

$$= \sqrt{\frac{(n_1-1)S_1^2+(n_2-1)S_2^2}{(n_1-1)+(n_2-1)}}$$

（グループ1の標本数 $n_1$、不偏標準偏差 $S_1$、
グループ2の標本数 $n_2$、不偏標準偏差 $S_2$）

## 3　統合した$\sqrt{\text{不偏分散}}$から、平均値の差の標準誤差を求める

標準誤差 SE＝統合した$\sqrt{\text{不偏分散}}\times\sqrt{\text{標本数の逆数の和}}$

$$= S \times \sqrt{\frac{1}{n_1}+\frac{1}{n_2}}$$

## 4　ズレの大きさを、標準誤差をものさしとして測って、t 値を求める

$$t\text{値} = \frac{|\text{平均の差}|}{\text{標準誤差}} = \frac{|\mu_1-\mu_2|}{SE}$$

## 5 標本数から計算した自由度を参考に、求めたｔ値とｔ分布表の数値を比較し、帰無仮説を棄却できるかどうか判定する

自由度 $v$ ＝（各群の標本数ー1）の総和

自由度 $v$ のｔ分布の 5%点 t(0.05) とｔ値を比較し、

- t(0.05)＜ｔ値　ならば、帰無仮説を棄却できる
- t(0.05)＞ｔ値　ならば、帰無仮説を棄却できない

## 6 5 章の具体例のおさらい

ある会社で運動習慣と体重の関連を調べるために、男性社員のうち「運動習慣のある人」と「そうでない人」を 26 人ずつ合計 52 人を集めて、体重を測ってみた。結果は p.68 の表の通りで、運動ありの人は平均 62.0kg、運動なしの人は平均 65.0kg だった。さて、「運動ありの人は体重が軽い」と言えるだろうか？

運動あり群：体重の平均値 62.0kg・「平均からのズレの 2 乗の和」250
運動なし群：体重の平均値 65.0kg・「平均からのズレの 2 乗の和」225

❶ 帰無仮説「体重に変化はない」を設定する。

❷ 対立仮説「体重は変化する」を設定する。

❸ 観測された現象「両群 26 人で、運動ありグループの平均：62.0kg、運動なしグループの平均：65.0kg」の珍しさを評価する。

❸－1 それぞれの群につき、サンプルの平均値（標本平均）と不偏分散・不偏標準偏差とを求める。

➡運動あり群　平均62.0kg、不偏分散＝$\dfrac{250}{26-1}=10$、$\sqrt{\text{不偏分散}}=\sqrt{10}$

運動なし群　平均65.0kg、不偏分散＝$\dfrac{225}{26-1}=9$、$\sqrt{\text{不偏分散}}=\sqrt{9}=3$

**❸-2**　各グループの$\sqrt{\text{不偏分散}}$を統合して、共通の値Sを計算する。さらに、「ものさし」として、平均の差の標準誤差を求める。

$$➡\ S=\sqrt{\frac{(26-1)\times 10+(26-1)\times 9}{(26-1)+(26-1)}}=3.08$$

$$\text{標準誤差SE}=3.08\times\sqrt{\frac{1}{26}+\frac{1}{26}}=0.854$$

**❸-3**　標準誤差SEをものさしにして、ズレの大きさを評価する。

➡ $(65.0-62.0)\div 0.854=3.51$

**❸-4**　標本数から自由度を計算し、t分布表の5%点の値（境界値）を調べる。

➡自由度 $(26-1)+(26-1)=50$　　5%点の値：2.009

**❹**　**❸-3**の値と**❸-4**の境界値の大小関係から、帰無仮説を棄却できるかどうかを決定する。

➡ $3.51>2.009$より、帰無仮説を棄却し、対立仮説を採用できる。よって、「運動ありグループと運動なしグループとで、体重は変化する（運動ありグループの方が体重は軽い）」といえる。

# 6章

# あるなしデータの扱い方は？
## ——カイ2乗検定

S おはようございます！

A おはようございます。前回に引き続き、今回も「二つのグループに差があるかどうか？」の話です。

S あれ？　前回のt検定でおしまいかなと思ったんですが、まだありますか？

A この前のt検定は、体重のような連続データに対して、平均値を比べましたよね。

S はい。一番よくあるのが、平均値の比較ですよね。

A 確かに、平均値を比べるケースが最も良くあるケースだと思います。今回は、数値でなくて、「はい・いいえ」とか「成功・失敗」「効いた・効かない」のような、あるなしデータを比べる統計手法のお話をしましょう。

S おねがいします！



## 1　あるなしデータの扱い方は？

A あるなしデータの比較をするケースはさまざまあります。ここでは、商品やサービスの利用傾向のアンケートを例にとりましょう。

S どんなケースでしょうか？

A 例えば、こんな例ですね。総務省の統計（情報通信白書）から持ってきた、年齢別のインターネット利用割合です。

個人のインターネット利用者の割合の推移

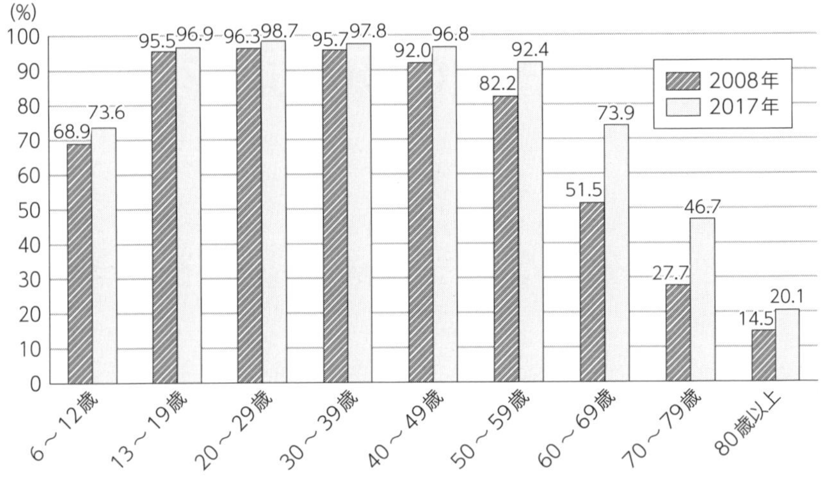


（出典）総務省「通信利用動向調査」（各年）より作成

S 70代でも半分近くがインターネットを使ってるんですね。

A 年齢でグループを作ると、「60－70代以上の世代はそれ以下の世代と比べて、インターネット利用率が低い」とか、「2008年と2017年とを比べると、若年層はほぼ100%近くで不変だが、高齢者の利用率は大きく伸びた」など、いろいろな仮説が立てられます。

S 年齢や年代ごとに、傾向が違うかどうか、これも検定できるんでしょうか？ **「60歳以上とそれ以下で利用率に差がない」**とか、**「2008年と2017年で利用率に差がない」**みたいなのが、帰無仮説になるのかな…

A まさに、その帰無仮説です！ この章のテーマは、今回の「利用あり・なし」のような、あるなしデータの検定です。このインターネット利用率のデータをそのまま使いたいところですが、年齢層が細かく分かれてて少し考えづらいので、よく似た仮想のケースで考えてみましょう。

ある町でのスマートフォンの使用割合について、高齢者（65 歳以上）・若年層（15-34 歳）・それ以外の年齢層（35-64 歳）、合計 100 人で調査した。スマートフォンの使用割合は、高齢者で 28 人中 10 人、若年層で 32 人中 26 人、それ以外で 40 人中 30 人だった。さて、「スマートフォンの使用割合は年齢によって異なる」と言えるかどうか？

| | スマホ使用あり | スマホ使用なし | 合計 |
|---|---|---|---|
| 高齢者 | 10 | 18 | 28 |
| 若年層 | 26 | 6 | 32 |
| それ以外 | 30 | 10 | 40 |
| 合計 | 66 | 34 | 100 |

Ⓢ 高齢者が 35.7%、若年層で 81.2%、それ以外で 75.0% なんですね。高齢者がずいぶん少ないから、年齢が関係してそうですが、どんな検定をするんでしょうか？

Ⓐ ちなみに、帰無仮説はわかりますか？

Ⓢ **帰無仮説は**…たぶん、**「年齢層でスマホの使用割合は変わらない」**ですよね。

Ⓐ そうですね。もし使用割合が変わらない、年齢の影響を受けないとしたら、使用割合はどうなるでしょうね？

Ⓢ 影響を受けないなら、全部まとめて計算すればいいですよね…トータルの人数は 100 人で、スマホ使用者は 10 人＋26 人＋30 人＝66 人だから、66÷100＝66% ？

Ⓐ いい感じに求められましたね。帰無仮説は、「使用割合はどの集団も変わらない（66%）」。さきほど、行を「高齢者・若年層・それ以外」で、列を「スマホ使用あり・なし」で区切って表を書いてみましたが、このような表を**分割表**と呼びます。さて、ここからどう計算するかなんですが、いま作ってもらった分割表を、まずこんな風に隠してしまいます。

| | スマホ使用あり | スマホ使用なし | 合計 |
|---|---|---|---|
| 高齢者 | ? | ? | **28** |
| 若年層 | ? | ? | **32** |
| それ以外 | ? | ? | **40** |
| **合計** | **66** | **34** | **100** |

S あれ？　せっかく作ったのに、合計の列だけ残って、中身が消えちゃいました…

A 行の合計と列の合計だけ残して、グループ別のスマホあり・なしの数字を消した状態です。ここからはいったんアンケート結果から離れて、「もし年齢層で差がないとしたら、2×3=6 つのセルに入る数字はいくつ？」を考えてみましょう。

S 差がないとしたらいくつになるかを、考えるというと…？？

A どの集団でもスマホ使用割合が変わらないのなら、**高齢者でも若年層でもそれ以外でも、使用割合は 66%**ってことですよね。

S あ、わかった！　実際の使用者数はいったん無視して、66% がスマホ使用、34% がスマホ非使用って考えればいいんですね。

A そうですね。例えば高齢者なら、グループの人数は 28 人なので、28 人×66%=18.48 人がスマホ使用、28 人×34%=9.52 人がスマホ非使用になります。他のセルも、埋められますか？

S やってみます。若年層は 32 人だから、使用と非使用それぞれ 32 人×66%=21.12 人と、32 人×34%=10.88 人。それ以外は 40 人だから、40 人×66%=26.40 人と、40 人×34%=13.60 人ですね。
全部まとめると、こんな感じになりました。

| | スマホ使用あり | スマホ使用なし | 合計 |
|---|---|---|---|
| 高齢者 | 18.48 | 9.52 | 28 |
| 若年層 | 21.12 | 10.88 | 32 |
| それ以外 | 26.40 | 13.60 | 40 |
| 合計 | 66 | 34 | 100 |

| 帰無仮説のもとでの分割表 |
| --- |
| **実際の値は無視して、タテヨコの合計だけで計算** |

Ⓐ いま作ってもらったのが、全く差がない時の分割表です。それぞれの数字を、「差がなかったときに期待される人数」のような意味で、**期待度数**と呼びます。

Ⓢ 期待度数と、実際の値のズレを、何かで判定するのかな？

Ⓐ いい勘ですね！　グループごとの差が大きければ大きいほど、ズレは大きくなるはずです。実際の値を**観測度数**と呼びますが、イメージでは「各セルごとのズレを、全セル分足し合わせる」操作になります。

| | |
| --- | --- |
| **期待度数** | **各グループ間に差がないときに得られるであろう数値** |
| **観測度数** | **実際に観測された数値** |

観測度数（実際に観測された数値）

| | スマホ使用あり | スマホ使用なし | 合計 |
| --- | --- | --- | --- |
| 高齢者 | 10 | 18 | 28 |
| 若年層 | 26 | 6 | 32 |
| それ以外 | 30 | 10 | 40 |
| 合計 | 66 | 34 | 100 |

Ⓢ じゃあ「高齢者・スマホ使用あり」のセルなら、観測度数が 10 人・期待度数が 18.48 人だから、ズレは 10－18.48＝－8.48 ですか？

Ⓐ 基本の式はその通りですが、プラスマイナスをそのまま残すと相殺されてしまうので、2 乗しておきましょう。

S 前の章の分散と同じ考え方ですね。

A もう一つ、これも分散と似た考え方ですが、2 乗した値をただ合計すると、人数が多ければ際限なく大きな値になってしまうので、期待度数 18.48 で割り算します。

S まとめると、分子は **$(10-18.48)^2=71.91$**、分母は期待度数 18.48 だから、値は 71.91÷18.48=3.891 になりました！

A そうですね。ちょっと面倒な計算ですが、残りの 5 つのセルでも同じ計算をしてみましょう。

S 高齢者・スマホなしは、$(18-9.52)^2\div 9.52$ で、7.55 ですね。他のセルも計算すると…こうなりました。

A よくできました！　では、全ての値を足し合わせてみましょう。

S ただ和をとればいいんですね？　**3.89+7.55+…+0.95 で、16.21** です。

$\dfrac{(\text{期待度数と観測度数のズレ})^2}{\text{期待度数}}$ の計算

| | スマホ使用あり | スマホ使用なし | 合計 |
|---|---|---|---|
| 高齢者 | 3.89 | 7.55 | 11.44 |
| 若年層 | 1.13 | 2.19 | 3.32 |
| それ以外 | 0.49 | 0.95 | 1.44 |
| 合計 | 5.51 | 10.69 | 16.21 |

A いま求めてもらった値を、「**χ（カイ）2 乗値・χ2 乗統計量**」とよびます。X（エックス）でなくてχ（カイ）なので、注意しましょう。計算過程からも分かると思いますが、期待度数からのズレが大きいほど、すなわちグループごとのズレが大きいほど、カイ 2 乗値は大きくなります。

**カイ2乗統計量の計算**

$$\text{カイ2乗統計量} = \frac{(\text{期待度数と観測度数のズレ})^2}{\text{期待度数}} \text{の総和}$$

**グループごとのズレが大きいほど、カイ2乗値は大きくなる**

S だとしたら、カイ2乗値が大きくなるほど、「もともと差がないのに偶然観測された」って確率は小さくなるんですね？

A まさにその通り。では、t検定と同じように、珍しさを判定してみましょう。

## 2 数表を使った判定法は？

S 正規分布のときもt検定のときも、数表の値と比べっこしてました。今度のケースも、同じような表があるのかな？

A お察しのとおり、数表が準備されてますから、ここから先は手計算は要りません。今回使うのは、カイ2乗分布表です。

# カイ２乗分布表

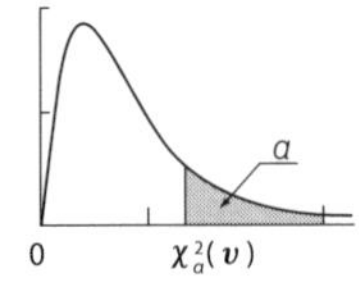


| $\upsilon$ \ $\alpha$ | 0.995 | 0.99 | 0.975 | 0.95 | 0.1 | 0.05 | 0.025 | 0.01 | 0.005 |
|---|---|---|---|---|---|---|---|---|---|
| 1 | 0.00 | 0.00 | 0.00 | 0.00 | 2.71 | 3.84 | 5.02 | 6.63 | 7.88 |
| 2 | 0.01 | 0.02 | 0.05 | 0.10 | 4.61 | 5.99 | 7.38 | 9.21 | 10.60 |
| 3 | 0.07 | 0.11 | 0.22 | 0.35 | 6.25 | 7.81 | 9.35 | 11.34 | 12.84 |
| 4 | 0.21 | 0.30 | 0.48 | 0.71 | 7.78 | 9.49 | 11.14 | 13.28 | 14.86 |
| 5 | 0.41 | 0.55 | 0.83 | 1.15 | 9.24 | 11.07 | 12.83 | 15.09 | 16.75 |
| 6 | 0.68 | 0.87 | 1.24 | 1.64 | 10.64 | 12.59 | 14.45 | 16.81 | 18.55 |
| 7 | 0.99 | 1.24 | 1.69 | 2.17 | 12.02 | 14.07 | 16.01 | 18.48 | 20.28 |
| 8 | 1.34 | 1.65 | 2.18 | 2.73 | 13.36 | 15.51 | 17.53 | 20.09 | 21.95 |
| 9 | 1.37 | 2.09 | 2.70 | 3.33 | 14.68 | 16.92 | 19.02 | 21.67 | 23.59 |
| 10 | 2.16 | 2.56 | 3.25 | 3.94 | 15.99 | 18.31 | 20.48 | 23.21 | 25.19 |
| 11 | 2.60 | 3.05 | 3.82 | 4.57 | 17.28 | 19.68 | 21.92 | 24.72 | 26.76 |
| 12 | 3.07 | 3.57 | 4.40 | 5.23 | 18.55 | 21.03 | 23.34 | 26.22 | 28.30 |
| 13 | 3.57 | 4.11 | 5.01 | 5.89 | 19.81 | 22.36 | 24.74 | 27.69 | 29.82 |
| 14 | 4.07 | 4.66 | 5.63 | 6.57 | 21.06 | 23.68 | 26.12 | 29.14 | 31.32 |
| 15 | 4.60 | 5.23 | 6.26 | 7.26 | 22.31 | 25.00 | 27.49 | 30.58 | 32.80 |
| 16 | 5.14 | 5.81 | 6.91 | 7.96 | 23.54 | 26.30 | 28.85 | 32.00 | 34.27 |
| 17 | 5.70 | 6.41 | 7.56 | 8.67 | 24.77 | 27.59 | 30.19 | 33.41 | 35.72 |
| 18 | 6.26 | 7.01 | 8.23 | 9.39 | 25.99 | 28.87 | 31.53 | 34.81 | 37.16 |
| 19 | 6.84 | 7.63 | 8.91 | 10.12 | 27.20 | 30.14 | 32.85 | 36.19 | 38.58 |
| 20 | 7.43 | 8.26 | 9.59 | 10.85 | 28.41 | 31.41 | 34.17 | 37.57 | 40.00 |
| 21 | 8.03 | 8.90 | 10.28 | 11.59 | 29.62 | 32.67 | 35.48 | 38.93 | 41.40 |
| 22 | 8.64 | 9.54 | 10.98 | 12.34 | 30.81 | 33.92 | 36.78 | 40.29 | 42.80 |
| 23 | 9.26 | 10.20 | 11.69 | 13.09 | 32.01 | 35.17 | 38.08 | 41.64 | 44.18 |
| 24 | 9.89 | 10.86 | 12.40 | 13.85 | 33.20 | 36.42 | 39.36 | 42.98 | 45.56 |
| 25 | 10.52 | 11.52 | 13.12 | 14.61 | 34.38 | 37.65 | 40.65 | 44.31 | 46.93 |
| 26 | 11.16 | 12.20 | 13.84 | 15.38 | 35.56 | 38.89 | 41.92 | 45.64 | 48.29 |
| 27 | 11.81 | 12.88 | 14.57 | 16.15 | 36.74 | 40.11 | 43.19 | 46.96 | 49.64 |
| 28 | 12.46 | 13.56 | 15.31 | 16.93 | 37.92 | 41.34 | 44.46 | 48.28 | 50.99 |
| 29 | 13.12 | 14.26 | 16.05 | 17.71 | 39.09 | 42.56 | 45.72 | 49.59 | 52.34 |
| 30 | 13.79 | 14.95 | 16.79 | 18.49 | 40.26 | 43.77 | 46.98 | 50.89 | 53.67 |
| 31 | 14.46 | 15.66 | 17.54 | 19.28 | 41.42 | 44.99 | 48.23 | 52.19 | 55.00 |
| 32 | 15.13 | 16.36 | 18.29 | 20.07 | 42.58 | 46.19 | 49.48 | 53.49 | 56.33 |
| 33 | 15.82 | 17.07 | 19.05 | 20.87 | 43.75 | 47.40 | 50.73 | 54.78 | 57.65 |
| 34 | 16.50 | 17.79 | 19.81 | 21.66 | 44.90 | 48.60 | 51.97 | 56.06 | 58.96 |
| 35 | 17.19 | 18.51 | 20.57 | 22.47 | 46.06 | 49.80 | 53.20 | 57.34 | 60.27 |
| 36 | 17.89 | 19.23 | 21.34 | 23.27 | 47.21 | 51.00 | 54.44 | 58.62 | 61.58 |
| 37 | 18.59 | 19.96 | 22.11 | 24.07 | 48.36 | 52.19 | 55.67 | 59.89 | 62.88 |
| 38 | 19.29 | 20.69 | 22.88 | 24.88 | 49.51 | 53.38 | 56.90 | 61.16 | 64.18 |
| 39 | 20.00 | 21.43 | 23.65 | 25.70 | 50.66 | 54.57 | 58.12 | 62.43 | 65.48 |
| 40 | 20.71 | 22.16 | 24.43 | 26.51 | 51.81 | 55.76 | 59.34 | 63.69 | 66.77 |
| 50 | 27.99 | 29.71 | 32.36 | 34.76 | 63.17 | 67.50 | 71.42 | 76.15 | 79.49 |
| 60 | 35.53 | 37.48 | 40.48 | 43.19 | 74.40 | 79.08 | 83.30 | 88.38 | 91.95 |
| 70 | 43.28 | 45.44 | 48.76 | 51.74 | 85.53 | 90.53 | 95.02 | 100.43 | 104.21 |
| 80 | 51.17 | 56.45 | 57.15 | 30.39 | 96.58 | 101.88 | 106.63 | 112.33 | 116.32 |
| 90 | 59.20 | 61.75 | 65.65 | 69.13 | 107.57 | 113.15 | 118.14 | 124.12 | 128.30 |
| 100 | 67.33 | 70.06 | 74.22 | 77.93 | 118.50 | 124.34 | 129.56 | 135.81 | 140.17 |
| 120 | 83.85 | 86.92 | 91.57 | 95.70 | 140.23 | 146.57 | 152.21 | 158.95 | 163.65 |
| 140 | 100.65 | 104.03 | 109.14 | 113.66 | 161.83 | 168.61 | 174.65 | 181.84 | 186.85 |
| 160 | 117.68 | 121.35 | 126.87 | 131.76 | 183.31 | 190.52 | 196.92 | 204.53 | 209.82 |
| 180 | 134.88 | 138.82 | 144.74 | 149.97 | 204.70 | 212.30 | 219.04 | 227.06 | 232.62 |
| 200 | 152.24 | 156.43 | 162.73 | 168.28 | 226.02 | 233.90 | 241.06 | 249.45 | 255.26 |
| 240 | 187.32 | 191.99 | 198.98 | 205.14 | 268.47 | 277.14 | 284.80 | 293.89 | 300.18 |

自由度 $\upsilon$（ニュー）のカイ２乗分布について、特定の上側確率 $\alpha$ に対応する $\chi^2$ の値を与える。

S どこを見るんでしょうか？

A 行はたくさんありますが、実質的に使うのはグレーの色をつけた「0.05」のところくらいです。

S 0.05 が、有意水準 0.05 に対応してるのかな？

A その通り、横軸の $\alpha$ が有意水準です。

S 縦軸はどうでしょう？　文字の" $\nu$ （ニュー）" は $t$ 検定の時にも出てきたから、グループの人数かな？

A 惜しい！　たしかに縦軸 $\nu$ がさすのは、$t$ 検定と同じように自由度なんです。ですが、カイ２乗検定の自由度は、人数ではなくて、さきほど作ってもらった分割表の、行と列の数から計算します。
具体的には、**(行数－1)×(列数－1)** で求めます。

**カイ２乗検定の自由度 $\nu$ の計算**

**自由度 $\nu$ ＝（行数－１）×（列数－１）**

今回は行が高齢者・若年層・それ以外の３行、列がスマホあり・なしの２列なので…

S じゃあ、(3 行－1)×(2 列－1) で、自由度は２ですね！

A 行と列が決まれば、あとは $t$ 検定と同じ流れになります。

S 表の値を見て、さっき計算した値との大小を比べるんですね！　自由度２の行、$\alpha = 0.05$ の列は、5.99 でした。

A 5.99 の意味は、「自由度２のときに、グループ間に差がなくてもカイ２乗値が 5.99『以上』になる確率が 0.05」です。さっきの計算過程を考えると、グループ間のズレが大きければ大きいほど、カイ２乗値は大きくなりますから…

S さっきの値は 16.21 だったから、$5.99 < 16.21$ なので、カイ２乗値が 16.21 以上になる確率は 0.05 より小さい。だから、帰無仮説を棄却で

きて、「年齢によってスマホの使用割合には差がある」って結論になるのかな？

A 正解です！　t 検定と同じように、「カイ 2 乗値が偶然 16.21 以上になる確率」を計算しますと、0.0003 になって、確かに 0.05 よりも遥かに小さくなります。これまでと同様に、この値 0.0003 を**p 値**（p value）と呼びます。

S p 値が 0.05 より小さいから、帰無仮説を棄却できるんですね。

[カイ 2 乗検定の流れ]

帰無仮説の設定（グループ間で使用割合に差はない）

↓

各セルごとの期待度数（差がない時の「理想の数値」）の計算

↓

「期待度数と現実の数値（観測度数）のズレの 2 乗」÷ 期待度数　の総和を計算
カイ 2 乗値の算出

↓

自由度を計算、求めたカイ 2 乗値と数表の値の比較
⟶　　求めた値の方が大きければ、
帰無仮説棄却、「グループ間に差あり」と結論

S 結論は「年齢によって差がある」だけど、データを見るとお年寄りの使用割合が低そうです。「お年寄りはそれ以外の 2 グループと比べて、スマホの使用割合が低い」って言い換えても大丈夫ですか？

A データからは明らかにお年寄りだけ低くなっているので、そう言いたい

ところですね。ただ残念ながら、カイ2乗検定は3グループ以上あるときに「どこかに」差があることは示せても、「どこに（どのグループに)」差があるかを示すことはできないんです。ですから統計的に示せることは、あくまで「年齢層によってスマホ利用率に差がある」になります。

S 「どこかに差がある」であって、「ココに差がある」は言えないってことですね。分かりました！

| カイ2乗検定の限界 | |
|---|---|
| ○ | グループ間の「どこか」に差があることを示す |
| × | どのグループに差があるかを示す |

## 3 カイ2乗検定の注意点

A 前回のt検定が連続データ、今回のカイ2乗検定はあるなしデータ…が基本でした。カイ2乗検定はあるなしデータだけでなくて、「とても満足・やや満足・ふつう・やや不満・とても不満」のような、多段階の場合にも形式的には使えます。

S 順序尺度…でしたっけ？　形式的？？

A そう、順序尺度ですね。形式的、と断ったのは、値を求めて検定することはできるし、実際の研究で使われている例もあるからです。

S 検定すること「は」できるってのは、本当は何か問題があるって意味でしょうか？

A 論より証拠、こんな例を見てみましょう。二つのレストランの評判を75人に聞き、先ほど例に出したような「とても満足・やや満足・ふつう・やや不満・とても不満」の5段階で評価したケースです。ケース1とケース2、それぞれ第一印象はどうでしょう？

ケース1

| | とても満足 | やや満足 | ふつう | やや不満 | とても不満 |
|---|---|---|---|---|---|
| レストランA | 25 | 20 | 15 | 10 | 5 |
| レストランB | 5 | 10 | 15 | 20 | 25 |

ケース2

| | とても満足 | やや満足 | ふつう | やや不満 | とても不満 |
|---|---|---|---|---|---|
| レストランA | 20 | 10 | 15 | 5 | 25 |
| レストランB | 10 | 20 | 15 | 25 | 5 |

**S** ケース1は、明らかにレストランAの方が評判良さそうです。AとBではっきり評価の方向が逆転してるし。

**A** ですよね。では、ケース2は？　どちらのレストランが良さそうですか？

**S** うーん…「とても満足」と「とても不満」がレストランAが多くて、「やや満足」「やや不満」はBが多いですよね。どっちのレストランがよいか、判断は難しいです。

**A** ケース1と比べると、やや甲乙付けがたい、どっちもどっち…だと思います。さて、この二つのデータをカイ2乗検定にかけてみると、こうなります。

ケース1

| | とても満足 | やや満足 | ふつう | やや不満 | とても不満 |
|---|---|---|---|---|---|
| レストランA | 25 | 20 | 15 | 10 | 5 |
| レストランB | 5 | 10 | 15 | 20 | 25 |

カイ2乗値＝33.33

ケース２

| | とても満足 | やや満足 | ふつう | やや不満 | とても不満 |
|---|---|---|---|---|---|
| レストランＡ | 20 | 10 | 15 | 5 | 25 |
| レストランＢ | 10 | 20 | 15 | 25 | 5 |

カイ２乗値＝33.33

**S** ケース１はカイ二乗値 33.33, $p<0.0001$ で有意。これは納得できます。あれ、ケース２もカイ二乗値 33.33, $p<0.0001$ で有意!?　同じ値??

**A** そこなんです。どう見ても状況の異なる二つのケースですが、カイ２乗値は同じ値になってしまいます。実はケース１とケース２、いくつかの列を入れ替えただけってことに気がつきました？

**S** 列を入れ替える？

**A** 仮にケース１の列の並びを左から順に「ア, イ, ウ, エ, オ」とすると、いくつかの列を並べ替えて「イ, エ, ウ, オ, ア」の順番にしたのが、ケース２なんです。

ケース１

| | ア<br>とても満足 | イ<br>やや満足 | ウ<br>ふつう | エ<br>やや不満 | オ<br>とても不満 |
|---|---|---|---|---|---|
| レストランＡ | 25 | 20 | 15 | 10 | 5 |
| レストランＢ | 5 | 10 | 15 | 20 | 25 |

ケース２

| | イ<br>とても満足 | エ<br>やや満足 | ウ<br>ふつう | オ<br>やや不満 | ア<br>とても不満 |
|---|---|---|---|---|---|
| レストランＡ | 20 | 10 | 15 | 5 | 25 |
| レストランＢ | 10 | 20 | 15 | 25 | 5 |

**S** …ホントですね。

**A** さて、カイ２乗値を計算した時の操作、思い出せますか？

**S** えーと、期待度数をセルごとに計算して、実際の値とのズレを２乗して期待度数で割ったのを、全部足し算するんですよね。

A そうですよね。計算する時には、バラバラに1セルずつ求めました。この時には、列に「とても満足＞やや満足＞ふつう…」のような、**順序があることは一切考慮されません。**

S わかってきました！　各セルバラバラに求めるから、列ごと並べ替えた場合はカイ2乗値は一緒になる？

A 見えてきましたか？　あえてセルごとの値を計算した値がこちらです。列を並べ替えても、合計のカイ2乗値は変わらないことが見えますよね。

| ケース1 | A<br>とても満足 | B<br>やや満足 | C<br>ふつう | D<br>やや不満 | E<br>とても不満 | 合計 |
|---|---|---|---|---|---|---|
| レストランA | 6.67 | 1.67 | 0.00 | 1.67 | 6.67 | 16.67 |
| レストランB | 6.67 | 1.67 | 0.00 | 1.67 | 6.67 | 16.67 |
| 合計 | 13.33 | 3.33 | 0.00 | 3.33 | 13.33 | |

カイ2乗値＝33.33

| ケース2 | B<br>とても満足 | D<br>やや満足 | C<br>ふつう | E<br>やや不満 | A<br>とても不満 | 合計 |
|---|---|---|---|---|---|---|
| レストランA | 1.67 | 1.67 | 0.00 | 6.67 | 6.67 | 16.67 |
| レストランB | 1.67 | 1.67 | 0.00 | 6.67 | 6.67 | 16.67 |
| | 3.33 | 3.33 | 0.00 | 13.33 | 13.33 | |

カイ2乗値＝33.33

S なるほど…どう見ても違うケースなのに、値が同じになっちゃうのは、ちょっと無理がありますね。

A その通りです。このようにカテゴリに順序があるときにカイ2乗検定を使うと、順序の情報が捨てられてしまうので、正しい評価ができなくなってしまいます。

S じゃあ、どうすれば？

A 詳しいやり方は省略しますが、「順序がある」ことを活かしつつ検定ができる手法を使うのが望ましいです。Wilcoxonの順位和検定や累積カイ２乗検定などがあります。

例えばWilcoxonの順位和検定を使いますと、ケース１のp値は0.014で有意差あり、ケース２のp値は0.565で有意差なしとなって、直感に合った結果が出てきます。とりあえず、「**順序があるデータを扱うときは、そのままカイ２乗検定を使うのはちょっとマズイ**」と覚えておけばよいでしょう。

Ⓢ そうします！

# 6 章のまとめ

## 1　6 章の具体例のおさらい

ある町でのスマートフォンの使用割合について、高齢者（65 歳以上）・若年層（15-34 歳）・それ以外の年齢層（35-64 歳）、合計 100 人で調査した。スマートフォンの使用割合は、高齢者で 28 人中 10 人、若年層で 32 人中 26 人、それ以外で 40 人中 30 人だった。さて、「スマートフォンの使用割合は年齢によって異なる」と言えるかどうか？

❶　帰無仮説「スマホの使用割合は、どの年齢層でも変わらない」を設定する。

❷　観測結果を、分割表にまとめ、その「珍しさ」を評価する。

❷-1　分割表を書く（この値が観測度数となる）。

| | スマホ使用あり | スマホ使用なし | 合計 |
|---|---|---|---|
| 高齢者 | 10 | 18 | 28 |
| 若年層 | 26 | 6 | 32 |
| それ以外 | 30 | 10 | 40 |
| 合計 | 66 | 34 | 100 |

❷-2「どの年齢層もスマホの使用割合は同じ」と仮定し、分割表の縦方向と横方向の合計値のみを使って、期待度数を求める。

| | スマホ使用あり | スマホ使用なし | 合計 |
|---|---|---|---|
| 高齢者 | 18.48 | 9.52 | 28 |
| 若年層 | 21.12 | 10.88 | 32 |
| それ以外 | 26.40 | 13.60 | 40 |
| 合計 | 66 | 34 | 100 |

❷-3　観測度数（実際の値）と期待度数（計算で得た値）の差を2乗して期待度数で割り算した値を、各セルで足し合わせ、カイ2乗統計量を計算する。

$$\Rightarrow \frac{(10-18.48)^2}{18.48}+\frac{(18-9.52)^2}{9.52}+\cdots+\frac{(10-13.60)^2}{13.60}=16.21$$

❷-4　縦方向項目数（高齢者・若年層・それ以外）と横方向項目数（スマホ使用・スマホ使用なし）から自由度を計算し、カイ2乗分布表の5%点の値（境界値）を調べる。

➡ (3−1)×(2−1)=2　　5%点の値：5.99

❸　❷-3の値と❷-4の境界値の大小関係から、帰無仮説を棄却できるかどうかを決定する。

➡16.21＞5.99より、帰無仮説を棄却し、対立仮説を採用できる。よって、「スマホの使用割合は、年齢層によって差がある」といえる。

# 7章

# 勝ち負けだけじゃ、物足りない！
## ——推定の話

S　おはようございます！

A　おはようございます。ここまで何回か、仮説検定の話をしてきましたね。

S　前回のあるなしデータのカイ2乗検定も、前々回の連続データのt検定も、実際のズレを計算して、差がなかったときにその大きさ以上ズレる可能性＝p値を出して、p値が5%より大きいかどうかをみていました。

A　結論は、どうなりましたっけ？

S　p値＜5%なら「有意差がある」、p値＞5%なら「有意差なし」でした。

A　そうですね。もう少しうるさく言うと、「有意差なし」のときは「差があるかどうか、まだ何も分からない」が正しい解釈でした。すなわち検定は、「差がある！」か「差があるかないかまだわからん！」か、どちらかを判定する道具ってことですね。

S　差があるかどうかがわかれば、便利な道具だと思うんですが…何か問題がありますか？

A　今回は、そこがポイントです。確かに、差があるかどうかが分かることには意味があります。しかし多くのケースでは、差があるかどうか、言わば「勝ったかどうか」がわかるだけでは、ちょっと物足りないんです。

## 1　勝ち負け以外に、何が必要？

S　物足りないって、どういうことですか？

A　単純に言うと、「勝ったかどうか＝差があるかどうか」がわかるだけで、**「どのくらい差があるか？」は示せない**ってことです。

S　確かに、勝った負けただけじゃなくて、何％ちがうのかとか、何人多く助かるのかとか、そういう情報も欲しくなりますね。あれ？　でも、もともとの差じゃダメですか？

A　前々回の体重の例なら、3kg の差。前回のスマホ使用率の例なら、高齢者 36%・若年 81%・それ以外 75%。もちろんこの値の比較はできます。ただこの値は、検定をしなくてもわかる数字ですよね。

S　検定をする前に出ている値ですもんね。

A　元の値だけでも考えることはできます。でも、同じ

「A の成功率は 50%、B の成功率は 40%」

でも、次の 2 つのケースでは、なんとなく結果の受けとめ方が違ってきませんか？

**同じ〝50% vs 40%〟だけど…**

| | A | B |
|---|---|---|
| ケース 1 | 10 人中<br>5 人成功 | 10 人中<br>4 人成功 |
| ケース 2 | 10,000 人中<br>5,000 人成功 | 10,000 人中<br>4,000 人成功 |

S　10 人だと結論しづらいけど、10,000 人なら決まり！　って考えられそうですね。

**A** こんなときに、検定だとｐ値の大小でしか評価ができませんが、今回お話しする推定だと、ある程度幅を持たせて「どのくらい差があるの？」を議論できます。上の例だと、ケース１のＡとＢの差は「マイナス 29% からプラス 45%」、ケース２は「プラス 8.6% からプラス 11.4%」みたいな感じです。

**S** 単純に求めたＡとＢの差はどっちもプラス 10% だけど、二番目のケースのほうが人数が多い分だけ、幅が狭まったってことですね。

**A** このように幅を持たせることで、ある程度の精度を持って「どのくらい差があるか？」を評価する手法を、区間推定と呼びます。今回は、あるなしデータの区間推定についてお話ししましょう。

**S** おねがいします！

## 2 リスクって？

**A** 前回のスマホ利用率の評価は、「持っている人の割合」をもとに考えましたよね。そのとき、どんな計算をしてました？

**S** スマホ持ちの人の割合だから、もちろん「スマホを持っている人数÷全体の人数」で出しました。

**A** 自然な考え方ですよね。今回紹介するのは、今の流れの通りに計算するやり方です。こんな例を見てみましょう。

> 小学生のインフルエンザを防ぐために、学校での生活指導プログラムを導入した。200 人の児童で比較したところ、インフルエンザの発症数は、導入した学校では 200 人中 20 人、導入していない学校では 200 人中 25 人であった。

**S** 前回のカイ２乗検定と、よく似てますね。

**A** 最初の流れは、前回と一緒です。生活指導の有無と、インフルエンザ発症のありなしで、2×2 の分割表を書けますか？

**S** もちろん！　生活指導ありだと 20 人発症・180 人発症なし、指導なしだと 25 人発症で 175 人発症なしだから、こんな感じです。

| | インフル発症 | インフルなし | 合計 |
|---|---|---|---|
| 指導あり | 20 人 | 180 人 | 200 人 |
| 指導なし | 25 人 | 175 人 | 200 人 |

**A** 簡単にできましたね！　この次は、何をしましたか？

**S** 前回なら、生活指導ありとなしとで、インフルエンザの発症割合を出してました。指導あり群だと 20÷200＝10%、指導なし群だと 25÷200＝12.5% ？

**A** いま計算してもらったような、それぞれの群で **「イベントが起きた人数」÷「全体の人数」を計算した数値**を、**リスク**（risk）と呼びます。イベントとは、注目している結果、すなわちインフルエンザの発症をさします。

**インフルエンザの生活指導とリスクの計算**

| | インフル発症 | インフルなし | 合計 | リスク |
|---|---|---|---|---|
| 指導あり | 20 人 | 180 人 | 200 人 | $\frac{20}{200}$＝10.0% |
| 指導なし | 25 人 | 175 人 | 200 人 | $\frac{25}{200}$＝12.5% |

$$\text{リスク} = \frac{\text{イベント起きた人数}}{\text{全体の人数}} = \frac{\text{インフルエンザ発症人数}}{\text{全体の人数}}$$

S イベント人数が分子、全体が分母だから、簡単ですね。インフルエンザにかかるのは嫌なことだから、リスクなんでしょうか？

A いい質問ですね。一般的には、「リスク」というと危ないもの、避けたいもののようなイメージがあります。今回のインフルエンザ発症は、まさに避けたいイベントですね。しかしここでのリスクには、そのような決まりはありません。「実験に成功した」「よく効いた」「救命できた」のような、むしろ歓迎すべき結果でも、リスクという言葉を使えます。

S なるほど。ともかく、数字はさっきと同じでいいんですよね？　インフルエンザ発症のリスクは指導あり群で10.0%、指導なし群で12.5%ですね。

A その通りです。各群のリスクを求めた後は、二つの数値を比べることになります。さまざまな比べ方がありますが、一番単純なのは、割り算して比を取るか、引き算して差を取るやり方です。まずは割り算でやってみましょうか。

S 割り算だと、どっちの群が分母に来ますか？

A 今回は、指導なし群を分母にしましょう。

S そうすると、**指導あり群のリスク÷指導なし群のリスクで、10.0%÷12.5%＝0.80**です。

A この値、0.80をリスクの比ということで、**リスク比（Risk Ratio）**もしくは**相対リスク（Relative Risk）**と呼びます。どちらにしても頭文字は同じで、RRと表記されます。

**リスク比・相対リスク RR：リスク同士の割り算**

$$\text{リスク比 RR} = \frac{\text{指導あり群のリスク}}{\text{指導なし群のリスク}} = \frac{10.0\%}{12.5\%} = 0.80$$

S 生活指導をすると、しない場合と比べてインフルエンザのリスクが0.8倍になる、ってことですね。

A うまく表現できましたね。相対リスク RR の対をなす用語として、RR を 1 から引き算した「**相対リスク減少（Relative Risk Reduction: RRR)**」も良く使われます。この場合なら、1－RR＝1－0.8＝0.2 ですね。RRR が 0.2＝20% ですから…

S さっきと同じで、「生活指導をすると、しない場合と比べてインフルエンザのリスクが 20% 下がる」でいいですか？

A その通りです！　「**○○をすると、××に比べてリスクが△%下がる（上がる)**」のような表現は、あちこちで目にすると思います。このような表現が使われるときは、多くのケースがこの RRR で示されています。

**リスク比 RR・相対リスク減少 RRR の計算**

| | インフル発症 | インフルなし | 合計 | リスク |
|---|---|---|---|---|
| 生活指導あり | 20 人 | 180 人 | 200 人 | $\frac{20}{200}$ =10.0% |
| 生活指導なし | 25 人 | 175 人 | 200 人 | $\frac{25}{200}$ =12.5% |
| リスク比 RR | $\frac{\text{生活指導あり群のリスク}}{\text{生活指導なし群のリスク}} = \frac{10.0\%}{12.5\%} = 0.80$ | | | |
| 相対リスク減少 RRR | RRR=1－リスク比＝1－0.80＝0.20<br>生活指導で、インフルエンザのリスクは **20%** 減少 | | | |

今度は、引き算をしてみましょう！　指導あり群ー指導なし群で、お願いします。

S はい！　指導あり群のリスクー指導なし群のリスクだから、10.0%－12.5%＝－2.5% ですね。

A この値を、**リスク差（Risk Difference: RD)** と呼びます。リスク差はマイナスの値になりましたが、「リスクが下がる」ことに着目して、「指導なし群のリスクー指導あり群のリスク」と順序を入れ替えたものを**絶対リスク減少（Absolute Risk Reduction: ARR）**と呼びます。

| 絶対リスク減少 ARR：リスク同士の引き算 |
| --- |
| ARR＝「指導なし群のリスク」－「指導あり群のリスク」<br>＝12.5%－10.0%＝2.5% |

Ⓢ 逆にするなら ARR は、12.5%－10.0%＝2.5% ってことですね？

Ⓐ そうですね。さっきの RRR と同じように表現できますか？

Ⓢ ARR は 2.5% なので、「生活指導をすると、しない場合と比べてインフルエンザのリスクが 2.5% 下がる」でいいのかな？　あれ、さっきと表現は全く一緒だけど、値が変わっちゃいました…

**リスク差 RD・絶対リスク減少 ARR の計算**

| | インフル発症 | インフルなし | 合計 | リスク |
| --- | --- | --- | --- | --- |
| 生活指導あり | 20 人 | 180 人 | 200 人 | $\frac{20}{200}$＝10.0% |
| 生活指導なし | 25 人 | 175 人 | 200 人 | $\frac{25}{200}$＝12.5% |
| リスク差 RD | 「生活指導あり群のリスク」－「生活指導なし群のリスク」<br>＝10.0%－12.5%＝－2.5% | | | |
| 絶対リスク減少 ARR | 「生活指導あり群のリスク」－「生活指導なし群のリスク」<br>＝12.5%－10.0%＝2.5%<br>生活指導で、インフルエンザのリスクは 2.5% 減少 | | | |

注：リスク比 RD と絶対リスク減少 ARR を、ここでは引き算の順序を入れ替えて（正負を逆にして）定義しています。ただし、両者ともに「指導なし群のリスク」−「指導あり群のリスク」と定義して、RD と ARR を同一視する文献もあります。

## 3 RRR？ ARR？ どちらが正しい？ どちらも正しい？

A さて、ちょっと困ったことが起きました。

同じ生活指導のインフルエンザ予防効果について、**相対リスク減少 RRR を使うと**「生活指導を入れると 100%−10.0%÷12.5%＝**20% 減少**」。**絶対リスク減少 ARR を使うと**「生活指導を入れると 12.5%−10.0%＝**2.5% 減少**」と、全く違う数値になってしまいます。

S 割り算したら 20% 減少、引き算したら 2.5% 減少だから、どっちも正しいんですよね？

A そうですね。もともとの計算方法が違うので値が変わるのは当然なのですが、論文や記事などを読むときには、もっとも気を付けるべきポイントです。

まず、割り算の RRR と引き算の ARR、値が大きくなるのはどちらでしょう？

S 今回の例だと、20% の RRR ですよね。

A 少し計算すると分かりますが、「生活指導なしだと全員が発症（元々のリスクが 100%）」のときには RRR＝ARR となって、それ以外の時には必ず RRR ＞ ARR となります。「△ % 下がった（上がった）！」のような記事ですと、**効果を大きく見せようとする気持ちが働くことが多い**ので、RRR で表示されることが多くなります。

S RRR だと、何か問題が起きますか？

A 「RRR で出してはいけない」ということはありませんが、RRR だけで考えると少し問題があるケースを紹介しましょう。

それぞれの状況で、RRR と ARR を計算してみましょう。

| | | |
|---|---|---|
| ケース A | 指導あり群の発症割合 200 人中 120 人、<br>指導なし群の発症割合 200 人中 150 人 | リスク<br>60% vs 75% |
| ケース B | 指導あり群の発症割合 200 人中 20 人、<br>指導なし群の発症割合 200 人中 25 人 | リスク<br>10% vs 12.5% |
| ケース C | 指導あり群の発症割合 2 万人中 4 人、<br>指導なし群の発症割合 2 万人中 5 人 | リスク<br>0.02% vs 0.025% |

Ⓢ RRR は…あ、60÷75 でも、10÷12.5 でも、0.002÷0.0025 でも、全部 0.8 だから、どの例でも 1−0.8＝20% です。

### 「◯%減りました！」のワナ

| | 指導あり群<br>発症あり | 指導なし群<br>発症あり | 相対リスク減少<br>RRR | 絶対リスク減少<br>ARR |
|---|---|---|---|---|
| ケース A | 200 人中 120 人<br>60% | 200 人中 150 人<br>75% | $1-\frac{60\%}{75\%}$<br>＝20% | 75%−60%<br>＝15% |
| ケース B | 200 人中 20 人<br>10% | 200 人中 25 人<br>12.5% | $1-\frac{10\%}{12.5\%}$<br>＝20% | 12.5%−10%<br>＝2.5% |
| ケース C | 2 万人中 4 人<br>0.02% | 2 万人中 5 人<br>0.025% | $1-\frac{0.02\%}{0.025\%}$<br>＝20% | 0.025%−0.020%<br>＝0.005% |
| RRR は値が一定。ARR は値が変わる！ | | | | |

S ARR は、ケース A だと 75−60＝15%、ケース B は 12.5−10＝2.5%、ケース C は 0.025%−0.02%＝0.005%。ずいぶん違う値になりました。

A 「RRR は値が一定。ARR は値が変わる」がポイントです。いったん数値は横に置いて、それぞれのケースで、指導の重要性ってどう思いますか？

S えーと…ケース A なら、200 人中で 150−120＝30 人減らせるからかなり意味があるけど、ケース C なら、2 万人中 5 人が 2 万人中 4 人になるだけだから、それほど重要ではなさそうですね。

A その通り、少なくとも 3 つのケースで、実質的な重要度は違いそうですよね。だとすると、RRR と ARR、どちらがより実態に近い数字でしょうね？

S そうか！　重要度が変わっても全部「20% 減少」で同じ値になっちゃう RRR よりも、ケースごとに値が変わる ARR のほうが、役に立ちそうです。

A よくできました！　ARR はケース A で 15%、ケース C で 0.005% と、重要度と数字の大小がある程度リンクしてくれます。逆に RRR は、割り算して計算しているので、大事な情報である「もともとどのくらいのリスクなの？」が消えてしまうんですね。

S もともとの数字が消えちゃうから、「どのくらい大事なの？」の情報も薄くなっちゃうんですね。

**ARR と RRR**

**引き算の絶対リスク減少 ARR の方が、**
**臨床的な重要性の大小を表現できる**

A 逆に、もともとの変化がケース C のようにさほど大きくないときでも、相対リスクを使うとあたかも大きく違うように表現できてしまいます。

とくに新聞記事やネットニュースで、さっき紹介した「○○をすると、××のリスクが△倍に！！」を見たら、要注意です。

**S** ホントはちょっとしか差がないのに、相対リスクをつかって差を大きく見せてるってことでしょうか？

**A** 論文では誇張されている場合も中にはありますが、新聞やネットの場合は、むしろ書き手が2つの差に気付いてないことも多いです。もともとのリスクが1%で、リスク比が1.2倍＝「20%増加」のとき、本来は「1%から20%増加＝1.2倍されて1.2%」になるだけなのに、「1%＋20%＝21%に増加！」するかのように書かれることは、残念ながらよく起こります。

**S** 何の説明もなくて「20%増える」って言われたら、確かにそう考えちゃいますよね。

**A** 本来は、「もともとのリスクはどのくらいなの？」の情報を一緒に示してくれるといいのですが、時間や紙面の制約もあるし、そこまで親切な記事は少ないです。うがった見方をすれば、「0.2%増える」より「20%増える」の方がインパクトがあって、アクセスも増える…なんてことを考えてしまいそうですね。

**S** なるほど。**できるだけARRで、あと元のリスクを考える**、が、肝心なんですね！

## 4　「かかりやすい」「かかりにくい」の境目は？

**A** さて、いま紹介した生活指導の例で、「インフルエンザにかかりやすい・かかりにくい」は、どの数字で判断しましたか？

**S** えーと…リスク比が0.8倍だったから、「インフルエンザに0.8倍かかりにくくなる」。0.8倍かかりにくいってのはちょっと変だから、「0.8倍に減る」でしょうか？

**A** 比を取ってるので当然ですが、1より大きかったら「起こりやすい・かかりやすい」、1より小さければ「起こりにくい・かかりにくい」となりますね。

S ちょうど1なら、やってもやらなくても同じってことかな？

A お、その通りですね。比を出してますから、**1より大きい・同じ・小さい**が、起こりやすいか否かの判断基準となります。

| リスク比の解釈 | |
|---|---|
| 1より大きい | 起こりやすい |
| 1より小さい | 起こりにくい |
| ちょうど1 | 同じ |

S なるほど！　…でも、今回求めたのは「リスク比 0.8」みたいな、1つの数値だけですよね。検定でやったみたいに、「偶然かどうか？」の評価ってしなくていいんですか？

A とてもいいところに気付いてくれました！　1つだけの値では、おっしゃるとおり、「たまたま 0.8 倍に減った」のような可能性が残ります。この章の始めにお話ししたことですが、「10 回中 4 回 vs 10 回中 5 回」と、「10,000 回中 4,000 回 vs 10,000 回中 5,000 回」、1つの値なら同じ 0.8 倍ですが…

S 前者ならまだまだ…って思うけど、後者ならだいぶ確実？ って考えられそうです。

A いま説明してもらったような違いを明らかにするために、区間推定という考え方があります。平たく言えば、「**1つの数値（点推定）だけじゃなくて、幅をもたせて見積もる**」って具合です。

S 幅を持たせる？

A 例えば、「0.8 倍に減らせます！！」と断定するのでなくて、「うまくいけば 0.5 倍。最悪でも 0.9 倍で、0.5 倍から 0.9 倍の『間』になります」のような考え方です。

**S** なるほど…幅の広さは、どうやって決まりますか？

**A** それはこれからお話ししますが、単純には「人数が少なければ広く、多ければ狭くなる」ですね。「10 人中 5 人…」みたいなケースなら広めに、「10,000 人中 5,000 人…」みたいなケースなら狭めになります。

**S** 幅が狭くなれば、それだけ判断もしやすくなるってことですね？

**A** わかってきましたか？　例えば実験の成功率で、

| |
|---|
| 1）「決め打ちの値は 1.25 倍。幅を持たせたら 0.80 倍から 1.52 倍」 |
| 2）「決め打ちの値は 1.25 倍。幅を持たせたら 1.10 倍から 1.35 倍」 |

みたいな結果だと、どうなるでしょう？

**S** 1）も 2）も同じ 1.25 倍なんですよね。1）は 0.80 から 1.52 だから、1.5 倍まで改善するかもしれないけど、もしかすると 0.8 倍で成功率が下がっちゃうかも。2）は、1.10 から 1.35 だから、とりあえず「改善する」とは言えそうです。

**A** まさに、今考えてもらったとおり、「幅を持たせたときに、1 倍（同じ）をまたぐかどうか？」がカギになります。この後、幅の計算のしかたをお話ししましょう。

**S** お願いします！

## 5 「幅」の設定方法は？

**A** 準備がちょっと長くなりましたが、ここから「幅」の計算法を紹介しましょう。

**S** 幅を計算するのは、リスク比だけですか？

A　今回はリスク比に絞りますが、t 検定でお話ししたような平均値の違い、すなわち「比」でなくて「差」で幅を求めることも、もちろんあります。ただ、今回は計算方法よりも結果をどう読むか？　を大切にしたいので、そちらの紹介は省略しました。

S　じゃあ、比の幅の話でお願いします！

A　はい。さて、少し戻りますが、t 検定、すなわち平均値に差があるか？を評価するときに、どんな操作をしたか覚えてますか？

S　えーと…まず平均値同士で素の値の差を出して、それを「平均値のばらつき具合」、標準誤差で割り算して、いくつ分ズレてるかを計算しました。

A　よく覚えてましたね！　t 検定の時は、**標準誤差でいくつ分ズレてる？**がカギでした。実は今回の推定もよく似ていて、まず決め打ちの値を出した後に、上下に幅を持たせるんですが、その幅を決めるのはやっぱり標準誤差なんですね。

S　へえ！　じゃあ、決め打ちの値に、プラスマイナス標準誤差をすればよいのかな？

A　いい考え方…なんですが、「決め打ちの値＝**点推定値**プラスマイナス標準誤差」でおしまいではなくて、**標準誤差を「何倍か」して幅を持たせます。**

**「幅」の持たせ方**

**点推定値のまわりに**
**標準誤差 SE を「何倍か」してプラスマイナス**

S　そうか…だとすると、何倍するかが大事なのかな？　大きな数を掛ければ幅は広がるし、小さな数だったら幅は小さくなりますよね。

A　そうですね。ついさっき紹介したとおり、基本的には幅が狭い方が判断しやすくなるので、単純に言えばなるべく小さい数にしたいんです。

S でも、狭ければ狭いほどいいってだけなら、そもそも幅を持たせる意味ないですよね。それだったら決め打ちの値だけ使えばいいし…

A いいところに気がつきました。決め打ちの値は神のみぞ知る正解＝真の値ではなくて、あくまで「推定値」にすぎません。なので、推定が外れる可能性ももちろんあります。幅を広くすればするほど、その間に正解が含まれる可能性は上がります。ちょうど、台風の予報円をイメージすればよいでしょうか？

S あ、なるほど。**予報円が狭いほど対策には役に立つけど、予報が外れる可能性も大きくなる。広い予報円だとあまり役に立たないけど、予報はたぶん当たる**…ってことですね。

A 台風が南太平洋あたりにいるときに、「必ず東京を直撃します！」と狭く予想したら、対策は立てやすいでしょうが、外れる可能性は大でしょう。一方、「アジアのどこかにやってきます！」と広く予想したら、おそらく的中しますが何の役にも立ちません。外れるリスクと範囲を狭めるメリットとを、両にらみしつつ決める必要があります。

| 幅の大小 | |
|---|---|
| 狭く予測 | 役に立つが、外れる可能性大 |
| 広く予測 | 当たる可能性大だが、役に立たない |

S でも、毎回毎回にらめっこしてたら、そもそも計算できないですよね…

A ですから、検定の時に「有意水準＝我慢の限界」を 5%に決めてしまったのと同様に、ある程度「外れるリスク」を決めてしまいます。実は同じ値、5% を使います。

S ってことは、外れる可能性が 5%、当たる確率が 100−5=95% ですか？

A そうですね。「必ず＝100%」当てるためには、「リスク比はゼロから無限大までの間のどこか」のような、全く役に立たない予想になってしまいます。ですから、外れるリスク5%は認めた上で、ある程度幅を狭くします。すなわち、「**このくらいの幅で予想しておけば、20回のうち19回（95%）は『正解＝真の値』が含まれるだろう**」という考え方です。

S 百発百中を目指したら、幅が広くなってしまう。**「百発九十五中」にする代わりに、幅を狭くする**んですね。

A はい。「●%当たる」ように幅を持たせたものを、「●%**信頼区間**」と呼びます。今考えてもらったとおり、●が100に近くなるほど、幅はどんどん広くなっていきます。一般的に使われるのは、●=95にした95%信頼区間ですね。たまに、99%信頼区間や90%信頼区間も出てきます。少々脱線しますが、90%信頼区間・95%信頼区間・99%信頼区間、幅の広さを比べるとどうなるでしょう？

S 値が大きい方が広くなるんだから、**90%信頼区間が一番狭くて、次が95%信頼区間、一番広いのが99%信頼区間**でしょうか？

A よくできました！　では、実際の計算方法を説明しますね。

S お願いします！

## 6 再び出てきた、1.96 $\sigma$

A さて、「95%」の数字ですが、実は最初のころにも出てきた数字です。覚えてますか？

S ？？？

A ちょっと強引でしたが、「全体の95%が…」みたいな話、覚えてませんか？

S あ、キレイな分布とか、偏差値のところで出てきた話かな？

A 思い出せましたね！　キレイな分布すなわち正規分布の話をしたときに、紹介したところです。

S えーと、「**キレイな分布だったら、平均プラスマイナス1.96 $\sigma$ の範囲に、全体の95%が含まれる**」でした！

**キレイな分布（正規分布）の特徴**

**平均± 1.96 σの範囲に、全体の 95%が含まれる**

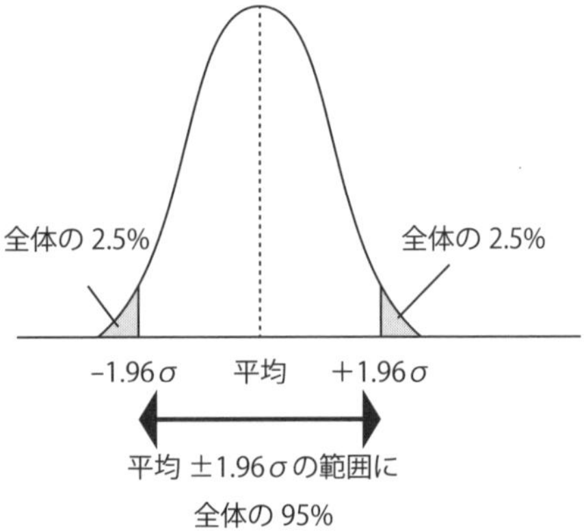


**A** まさに、その性質を使います。平均のところに点推定値を、シグマのところに標準誤差を当てはめます。

**S** ってことは、点推定値プラスマイナス 1.96×標準誤差の計算をすれば、幅＝信頼区間が出せますか？

**A** いいですね！　…と言いたいところですが、ちょっと落とし穴があります。「プラスマイナス 1.96」が使えるのは、あくまでキレイな分布が前提なんですが、今回話題にしているリスク比はどうでしょう？

**S** うーん、もしかして、キレイな分布になってくれないのかな？

**A** 一番わかりやすいところですと、キレイな分布は左右対称になるのが前提です。でも、リスク比は「比」である以上、マイナスの値はとれません。

**S** 確かに…そうすると、左右対称にはならないかな？

**A** もう一つ、リスク比で「起こりやすい」と「起こりにくい」の境界は、どこにありましたっけ？

**S** 比だから、1 倍ですよね。

**A** そうすると、「起こりやすくなる」は 1 倍から無限大まで。「起こりにくくなる」は 0 から 1 倍まで。値の動く範囲が、「起こりやすくなる」ケースと「起こりにくくなる」ケースで全く変わってしまうので、キレイな分布に従ってはくれません。ですから、キレイな分布の数字＝1.96 をそのまま使うわけにはいかないんですね。

| リスク比の分布は？ | |
|---|---|
| 起こりやすくなる | 1〜＋∞まで動く |
| 起こりにくくなる | 0〜1 まで動く |
| 左右対称にならない→正規分布の 1.96 は使えない！ | |

S 残念…じゃあ、どうしたらいいんでしょう？　t 検定やカイ 2 乗検定みたいに、また新しい数表を使う？

A t 検定やカイ 2 乗検定のときには、違った数表を使ってましたよね。今回は数表を変えるんではなくて、リスク比の値そのものに手を加えます。

S え？　値に手を加える？

A もちろん、値を改ざんするわけじゃないですよ。先ほどお話ししたとおり、「比」であるリスク比は、そのままキレイな分布に近似することは不可能です。ですが、**リスク比の自然対数（Ln）をとってやると、キレイな分布＝正規分布の値をそのまま使える**んです。

S 自然対数をとると、キレイな分布になってくれるんですか？

A そうですね。下に示すとおり、そのまま＝実数の世界では、分布は歪んだ形になって、「全体の 95%」のような操作ができません。しかし自然対数の世界では、Ln(リスク比）はキレイな分布に従ってくれるので、「プラスマイナス 1.96 シグマの範囲に全体の 95%」が成立します。

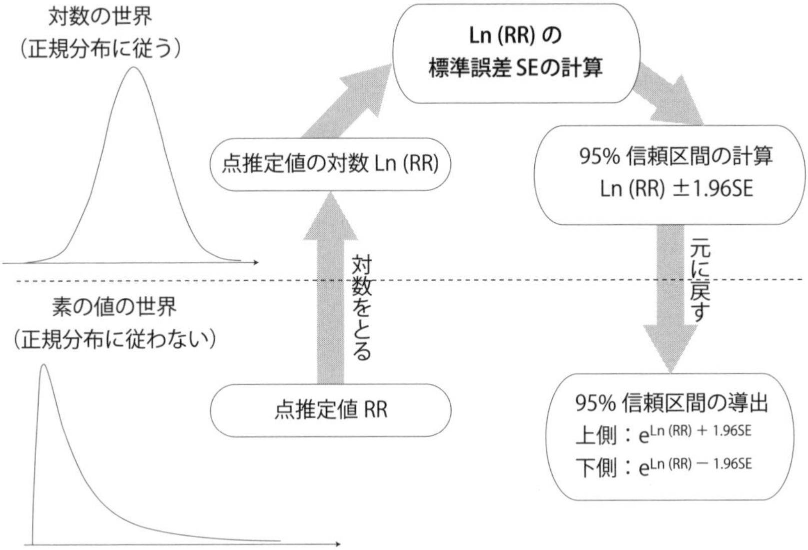


Ⓢ じゃあ、いったん自然対数をとって、1.96 シグマを足し引きして、また実数に戻せばいいのかな？

Ⓐ 実数に戻すときには、Ln を外すわけなので、*e* の●乗をしてあげれば元に戻ります。

Ⓢ あとは、シグマですよね。

Ⓐ シグマは、先ほどお話ししたとおり標準誤差を使います。便利なことに、リスク比の対数を取った後の値、Ln(リスク比）について、標準誤差の式が与えられています。

Ⓢ どんな式なのかな？　計算が大変でないといいけど…

Ⓐ ありがたいことに、Ln(リスク比）の標準誤差の式はとても単純、すぐ暗記できるレベルです。
まずはリスク比から。Ln(リスク比）の標準誤差 SE は、以下の式になります。

**リスク比の自然対数 Ln（RR）の標準誤差 SE**

$$SE\,(Ln\,(RR)) = \sqrt{\frac{1}{a} - \frac{1}{a+c} + \frac{1}{b} - \frac{1}{b+d}}$$

**S** ルートが入ってるけど、中身はずいぶんシンプルですね。

**A** 一見、足し算と引き算が混在してて厄介に見えますが、「イベントが起きた人数の逆数−全体人数の逆数」を、グループごとに計算していると考えれば、それほど難しくはないと思います。

**S** なるほど…あと、なんで人数の逆数なんでしょう？

**A** 導く過程はあえて説明しませんが、人数が多いときと少ないとき、どちらが誤差が小さくなりそうか、考えてみましょう。

**S** 人数が多い方が、誤差は小さそう…あ！　だから、逆数をとるんですね。人数が多ければ逆数は小さくなるから、誤差は小さくなるんですね。

**A** わかってきましたか？　それでは、先ほどのインフルエンザと生活指導の例で計算してみましょう。

## 7　信頼区間の計算法と解釈は？

**S** 生活指導ありの群が、発症あり 20 人、全体 200 人で、リスクは 20÷200＝0.10。生活指導なしの群が、発症あり 25 人、全体 200 人で、リスクは 25÷200＝0.125。**リスク比は 0.100÷0.125 で、0.80** でした。

### リスク比 RR

| | インフル発症 | インフルなし | 合計 | リスク |
|---|---|---|---|---|
| 生活指導あり | 20 人 | 180 人 | 200 人 | $\frac{20}{200}=10.0\%$ |
| 生活指導なし | 25 人 | 175 人 | 200 人 | $\frac{25}{200}=12.5\%$ |
| リスク比 RR | $\frac{\text{生活指導あり群のリスク}}{\text{生活指導なし群のリスク}}=\frac{10.0\%}{12.5\%}=0.80$ | | | |

まずは、自然対数をとるんですね？

A はい。$\log_{10}$ じゃなくて、$\log_e$＝Ln なので、気を付けましょう。

S **Ln(リスク比) は、Ln(0.80) で、−0.223** です。

A 0.80 と−0.223 が、リスク比と Ln (リスク比) の点推定値になります。では、対数の世界で、標準誤差から「幅」を求めてみましょう。

S わかりました！　標準誤差はさっきの式を使えばいいんですよね。

ルートの中身は、「$\frac{1}{\text{発症人数}}-\frac{1}{\text{全体人数}}$」だから、

$(\frac{1}{20}-\frac{1}{200})+(\frac{1}{25}-\frac{1}{200})=0.04-0.005+0.05-0.005=0.08$。

これのルートをとって、$\mathbf{\sqrt{0.08}=0.283}$ です。

A これで、**Ln(リスク比) の標準誤差 SE** が出ました。次に、1.96 倍して足し引きしましょう。

S はい！　Ln(0.80) が−0.223 で、標準誤差 SE が 0.283。これを 1.96 倍すると、0.283×1.96＝0.554 でした。−0.223 に 0.554 を足

し引きすると、**−0.778から＋0.331**になりました。

Ⓐ 対数の世界では、
「点推定値は−0.223。幅を持たせると−0.778から＋0.331」
と表現できましたね。最後に、実数の世界に戻しましょう。

- **いったん「リスク比の自然対数」について、95%信頼区間を計算**
- **その後、対数値を元に戻して、リスク比の95%信頼区間を算出**

Ⓢ わかりました！　点推定値は当然0.8ですよね。幅の下限は、$e$の−0.778乗で…0.460。幅の上限は、$e$の0.331乗で、1.392。まとめると、「リスク比の点推定値は0.8。幅を持たせた値は、0.460から1.392」になりました！

Ⓐ よくできました！　今求めてもらった**「0.460から1.392」が、リスク比の95%信頼区間になります。リスク比の下限が0.460・上限が1.392**ということは、どう解釈できますか？

Ⓢ 解釈って??

Ⓐ 先ほど考えてもらった、「リスクが上がるか下がるか」の判定ですよ。

Ⓢ あ、なるほど。下限が0.460ってことは、インフルエンザのリスクを0.46倍に下げられるかもしれない。でも上限が1.392だから、1.392倍かかりやすくなるかも。だから、**生活指導でインフルエンザのリスクが上がるか下がるか、どっちかわからない**…ってことですね！

| 信頼区間の解釈 |
| --- |
| **1をまたいでいる ⟶ リスクが上がるか下がるかまだ不明** |

Ⓐ よくできました！　いま考えてもらった通り、うまく行けば0.46倍ま

で下がる＝かかりにくくなる。でも場合によっては、1.39 倍上がる＝かかりやすくなる。リスクが 1.0 倍をまたいでいるので、上がるか下がるかは判定できない、となります。

ちょっとややこしく表現すれば、**「有意な効果はない」**ですね。「生活指導を行った場合、行わない群と比較して、インフルエンザの予防効果は有意でない」が正確な表現です。

S 「有意差あり・なし」みたいな表現にはできないんでしょうか？

A 差の時は「有意差」の言葉を使えますが、比の時は「有意比」とは言わないので、ちょっと回りくどい表現になってしまいますね。いずれにしても、「幅を持たせたときに、1 をまたいでいるか否か？」がカギです。1 をまたいでいないケース、例えば「0.30〜0.91」のような結果になれば、「うまく行けば 0.30 倍に下がる。最悪の場合でも 0.91 倍に下がる。なので、有意に下がる・予防効果は有意である」と言えますね。

S 1 をまたぐかどうかが、判断のカギなんですね！

<table>
<tr><th colspan="3">95%信頼区間の解釈法</th></tr>
<tr><td colspan="2">95%信頼区間が 1 をまたぐ<br>（0.5 － 1.2 など）</td><td>有意でない<br>（上がるか下がるかわからない）</td></tr>
<tr><td colspan="3">95%信頼区間が 1 をまたがない</td></tr>
<tr><td></td><td>下限も上限も 1 より大きい</td><td>有意に上がる</td></tr>
<tr><td></td><td>下限も上限も 1 より小さい</td><td>有意に下がる</td></tr>
</table>

## 8　ニュースで数字をみるときは？

A　この章では、「幅を持たせて見積もる」推定のやり方を説明してきました。

S　今回計算したのは比だったから、1 をまたぐかどうか、が全てのカギでしたね。

A　その通り、比を求めているので、「増えるか減るか？」の境目は 1 になります。ただ、推定や信頼区間は差のデータでも使えます。比の時には「同じ＝1 倍」でしたが、差の時には「同じ＝差ゼロ」なので、ゼロをまたぐかどうかが判断の分かれ目になります。

S　なるほど。…でも、ニュースとかでみる数字って、比でも差でも、あんまり幅の話とかがない気がします。

A　そうですね…文字数や時間に限りがあると、どうしても一つの数字だけの議論になってしまうことは多いですね。この時に、点推定値を使うならまだましです。しかし、事実を大きく・小さく見せたいときなど、信頼区間の上限や下限の数字だけが「いいとこ取り」されて報じられることもままあります。見出しで「リスクが 15 倍に！」と煽っておいて、元の文献をあたると「0.2 倍～15.2 倍」とかで、そもそも有意ですらない…のようなケースですね。

S　論文の著者が伝えたかったこととは、だいぶかけ離れてしまいますね。

A　おっしゃる通りです。「数字を見たら疑ってかかれ！」とまでは言いませんが、**「●倍を見たら、相対リスクか絶対リスクか見極める」「原論文を探して、元々のリスクや、信頼区間の数字を探す」作業は、「拡散希望！」とリツイートする前に心がけたい**ことですね。拡散？ するのは、元データの確認に数分～数十分かけた後でも、遅くはないと思いますよ。

S　まずは元データ、まずは幅の数字ってことですよね。心がけます！

# 7 章のまとめ

| | | イベント発生 | | |
|---|---|---|---|---|
| | | あり | なし | リスク |
| 介入 | あり | a | c | $\frac{a}{a+c}$ |
| | なし | b | d | $\frac{b}{b+d}$ |

## 1 RRとARR

●相対リスク・リスク比 RR（Relative Risk, Risk Ratio）

RR ＝「介入群のリスク」÷「対照群のリスク」$= \frac{a}{a+c} \div \frac{b}{b+d}$

※相対リスク減少 RRR＝1－RR

●絶対リスク減少 ARR（Absolute Risk Reduction）

ARR ＝「対照群のリスク」－「介入群のリスク」$= \frac{b}{b+d} - \frac{a}{a+c}$

**臨床上の重要性の大小をみるには、RRより ARR！**

## 2 リスク比の区間推定――信頼区間の求め方

❶ 点推定値を求める

リスク比の点推定値 $RR = \frac{a}{a+c} \div \frac{b}{b+d}$

（「イベントありの人数÷全体の人数」を求めて、比をとる）

❷ ここで、いったん対数をとる

リスク比の対数値の標準誤差　$SE(Ln(RR)) = \sqrt{\frac{1}{a} - \frac{1}{a+c} + \frac{1}{b} - \frac{1}{b+d}}$

リスク比の対数値の 95%信頼区間

下側信頼限界：$Ln(RR) - 1.96 \times SE(Ln(RR))$…これを U(RR)とおく

上側信頼限界：$Ln(RR) + 1.96 \times SE(Ln(RR))$…これを S(RR)とおく

❸ そして、対数を元にもどす

リスク比の 95%信頼区間：$e^{U(RR)}$ から $e^{S(RR)}$ まで

リスク比の 95%信頼区間が

- 1 をまたぐ：影響ありとはいえない
- 1 をまたがない：影響あり

## コラム　視聴率、その誤差は？

Ⓢ 帰ってきて、久しぶりに日本のテレビ見ました！　ドラマとかバラエティとか。

Ⓐ 海外からだと、日本の番組はかなり限定されちゃいますから、たしかに「見放題」なのは嬉しいですよね！

Ⓢ なんとなく見ちゃいます。でも、自宅にいる人が増えると、テレビの視聴率とかも増えるのかな？

Ⓐ お、ちょっと強引でしたが、うまく本題に導いてくれました。テレビの視聴率、それこそドラマですと数字の動きだけでニュースになっちゃいますが、どうやって調べてるか知ってますか？

Ⓢ えっと、何世帯かの家に機械を置いて、見た番組を記録してるんですよね？

Ⓐ そうですね。一番多い関東地域では、機械を置いているのは2700世帯です（ビデオリサーチ社のwebサイト https://www.videor.co.jp/press/2020/200206.html より）。単に見ているチャンネルだけじゃなくて、家族の誰が見ているかも記録できるそうですよ。

Ⓢ 2700世帯ですか…なんとなく、多いような少ないような。でも、全部の家に置いたらお金かかり過ぎちゃうし、仕方ないのかな？

Ⓐ 視聴率に関するニュースを見ていると、「こんな少ない数で測っても意味ないじゃん」のようなコメントがつくことがよくあります。ニュースで出ている「最終回の視聴率20%越え！」みたいなのは、当然、点推定値です。

Ⓢ 20%だったら、2700世帯の20%で、540世帯が見てるってことかな？

A その通りです。細かく言うと「ラスト10分だけ見た人」と「最初から最後まで見た人」とを区別するために、視聴時間も含めて計算するのですが、ここでは単純に「**見た世帯数÷総世帯数**」で考えてしまいましょう。

S 2700世帯のうち、540世帯が見てる…点推定値が20%だとしたら、ここに幅を持たせたりできますか？

A もちろんできます。本編でもお話しした通り、**「20世帯中4世帯が見た」「2700世帯中540世帯が見た」「20万世帯中4万世帯が見た」**…では、幅が変わってきそうですよね？

S たぶん、20万世帯中の4万世帯が一番狭くて、20世帯中の4世帯が一番広くなりますか？

A その通りです。ここでは式は出しませんが、実は標準誤差とよく似ていて、**世帯数をN倍すると、信頼区間の幅は$\frac{1}{\sqrt{n}}$倍**になります。

S 人数を10倍にすると、幅が$\frac{1}{\sqrt{10}}$で、だいたい$\frac{1}{3.2}$くらいに縮まるんですね。幅は、世帯数だけで決まるんでしょうか？

A 世帯数ともう一つ、点推定値の値が影響します。点推定値が50%のとき最も幅が広くなって、0%や100%に近づくと、幅が狭くなります。

S さっきの2700世帯中540世帯だと、どのくらいの幅になりますか？

A 計算してみますと、**18.5%から21.5%。±1.5%の幅に**なります。仮に視聴率10%（270世帯が見る）だと、8.9%から11.1%で、±1.1%の幅ですね。

S ±1.5%ですか！　1000万人以上いる中で2700世帯だから、数が少ないと思ったけれど、意外にちゃんと推定できるんですね。

A 人口のデータでは、関東地区の世帯数はほぼ 2,000 万です。単純に割り算すると、調査対象に選ばれるのは 7,400 世帯に 1 世帯で、極めてレアといえますが、それでもある程度の正確性をもって算出できるんですね。

S なるほど…ただ、1% 刻みの増減だとわからないけど、0.1% くらいの増減なら、「上がった！」「下がった！」って気にしなくてもよさそうですね。「何%変化したら有意！」みたいな計算ってできますか？

A ドラマの視聴率の推移などですと、同じ家庭で「初回は見た・2 回目は見ない…」のデータを見ることになるので、やや計算が難しくなります。単純化して、違う世帯どうしの比較だとして計算しますと、

20% から± 1% のズレで、p 値 0.35。± 2% のズレで、p 値 0.06。

**2.2% 程度ズレると、「統計的にも有意に上がった・下がった」**

となりますね。もとが 10%（2700 世帯中 270）だと少し幅が小さくなって、1.6% 程度のズレで有意、となります。

S なるほど、「1% 下がるくらいなら、まだ誤差の範囲」と考えられる…かな？　私が見ても視聴率に貢献できないけど、好きな番組見て応援します！

# 8章

## ウイルス検査で陽性! でも感染してないかも?!
### ——感度と特異度、陽性的中率と陰性的中率

コロナ禍の中でニューヨークからさじょーさんが一時帰国しました。

**S** こんにちは！　やっと、日本に帰れました…

**A** ホントに大変でしたね…。

**S** ニューヨークにいて、（2020 年の）2 月や 3 月はどちらかというと「コロナは中国やヨーロッパでの話」のようなムードが強かったんです。町でマスクつけてる人もほとんどいませんでした。

**A** それから数週間の間に、一気にアメリカ、とくにニューヨークで感染爆発が起きました。

**S** アメリカの他の地域と違って、ニューヨーク市は車社会ではなくてみんな電車やバスで出歩くし、中心街は「密」ですよね。それに最初の楽観視があったから、感染が拡がったのも当然かなって思いました。その後やや治安なんかも悪くなってきたから、さすがに日本にいったん帰ろうと思って…ガラガラの飛行機で帰ってきた後、成田空港で PCR 検査されて、陰性で良かったけど、2 週間は自宅待機でした。

**A** 本当にお疲れ様です。ニューヨークは抗体検査で 25% の人が陽性だったなんて話も、日本で話題になっていました。

**S** それも、ちょっと気になってたんです。私の知り合いも受けてた人いますけど、あのときのニューヨークは「みんな家で待機、家族で一人だけ（だいたい父親！）がたまに買い出しに行く」って形がほとんどでした。検査はスーパーでやってましたが、スーパーにいるのは従業員の人と、「一人だけ出歩いて買い物に来た人」だけなの

で、全体にあてはめられるのかな？って…

Ⓐ さすが、大変な事態の中で、ポイントを突いた意見ですね。この章では、いま話してもらった**代表性**と、検査そのものにまつわるさまざまな数値についてお話ししましょう。

Ⓢ 検査そのものの数値、とは？

Ⓐ 簡単に言えば、**「紛れ込み」と「見逃し」の話です。**感染してないのに陽性になっちゃう（紛れ込み）とか、感染してても陰性になっちゃう（見逃し）の問題ですね。

Ⓢ ぜひ、お願いします！



## 1 この集団の結果、全体に当てはめられる?

Ⓐ さて、まずニューヨークの検査（抗体検査）の話です。スーパーに来た人だけを対象にすると、どんな問題がありそうですか？

Ⓢ さっきも話したとおり、外出が極端に制限されているときでも（家族の代表で）出かける人と、スーパーで働いていていろいろな人と接する人が対象になるので、ニューヨークに住んでる人全体と比べたら、どうしても陽性の人が多くなりそうです。

Ⓐ 調査で得られた数字を、そのまま全体に当てはめると、真の値よりも大きくなってしまいそうですね。他の地域の検査でも、同じような問題は起こりえます。例えば、同じ時期にカリフォルニア州でも類似の研究が行われていましたが、この研究は「**施設に来た人に参加をお願いする**」形ではなくて、「**Facebook 上で参加者を募り、クルマで検査会場に来てもらう**」形でした。この場合はどうでしょう？

Ⓢ うーん…あ！ **研究に「参加したい！」って手を挙げる人は、何か心当たりがあって不安な人が多い**…とか？

A いい考えですね。その通り、住民からランダムに選んで参加してもらうのと、参加を希望する人を募集するスタイルとでは、後者の方が不安な人・リスクの高い人が多く集まる可能性があります。もっと言うと、「Facebookで勧誘する」「クルマで来てもらう」という過程を経るので、「SNSを使えて、クルマを持ってる人＝ある程度所得の高い人」に対象が偏ってしまいますね。

S 集め方とか調査実施のやり方だけでも、いろいろ複雑なんですね…

A 日本で行われた検査でも、病院やクリニックの受診者を対象にしている検査が主流でした。こちらも、**一般の人々よりはハイリスクの人に寄ってしまいます。**

S なるほど…だとすると、どの調査も対象が偏ってるから、せっかく調査したけど無意味って結論になってしまうんでしょうか？　なんかもったいない…

A いやいや、そんなことはありません。大事なところですが、**「ふつうの人よりリスクが高い人だから意味がない」とか、「全員に適用できない研究は意味がない」ってのは、大きな間違い**です。例えば医療従事者とか、高齢者施設とか、とてもリスクの高そうな集団で検査を行ったら、陽性率が高かった…これは当然ですし、十二分に価値がある情報です。

S 確かに、そうですよね。ちょっと安心しました。

A 高リスクと思われる集団で検査をすること自体は問題がありません。**「高リスクの集団での結果を、むやみに対象を広げて、一般の人たち全員に当てはめてしまう」ことが問題**なんですね。

S なるほど、性質のちがう人たちに広げちゃうのが問題、ってことですね。

A その通りです。これを**代表性**と呼びます。結果を当てはめたい集団と、いま研究をした集団。その特性が一致しているかどうかを、考える必要があります。どんなに優れたツールで検査を行ったとしても、知りたい集団と全く違う集団からの結果は、そのままあてはめることはできません。

| 代表性の問題 |
| --- |
| 研究に参加した人と、結果を当てはめたい人とで、<br>特性が異なっていないか？　という問題 |

Ⓐ 以前お話しした「外的妥当性」と、関わるところです。

| | |
| --- | --- |
| 内的妥当性 | 研究自体の質・信頼性は高いか？ |
| 外的妥当性 | 研究の結果は、実世界に当てはめられるか？ |

Ⓢ 研究自体の質と、研究結果を自分の知りたい集団に当てはめられるかどうかは、分けて考えないとダメってことでしたよね！

Ⓐ そうですね。どんなに質が高い研究、いわゆる「内的妥当性」が高い研究でも、知りたい集団と全く背景が違っていたら、そのまま適用することは不可能です。「○○で調査をしたら△％が陽性だった！」のような情報を見たら、まず「○○ってそもそもどんな人たち？」を考えることが大事ですよ。

Ⓢ わかりました！

## 2　紛れ込みと見逃し？

Ⓐ さて、次は紛れ込みと見逃しの話です。

Ⓢ 感染してないのに陽性になっちゃうのが紛れ込みで、感染してるのに陰性になっちゃうのが見逃しですね。

Ⓐ はい。表にすると、こんな感じです。

### 紛れ込みと見逃しのイメージ

| | 感染あり | 感染なし |
|---|---|---|
| 検査陽性 | （真陽性） | 紛れ込み（偽陽性） |
| 検査陰性 | 見逃し（偽陰性） | （真陰性） |

S **紛れ込みは偽陽性、見逃しは偽陰性**って呼ぶんですね。

A **偽陽性**や**偽陰性**の言葉そのものも、この数ヶ月間でだいぶ一般的になりました。ただ、陽性と陰性、さらに「偽」が混じるとややこしくなるので、「紛れ込み」と「見逃し」のようなイメージをしっかり持っておくと、理解しやすくなりますよ。さて、紛れ込みと見逃し、多いのと少ないのとでは、どちらが「良い検査」と言えますか？

S え？　それは、少ない方がいいですよね。

A もちろんその通りです。紛れ込みも見逃しも、少ないに越したことはありません。ここからは、**検査をする側の視点と、検査を受ける側の視点**、両方から考えてみましょう。

S する側と、受ける側？

A 「検査をする側」は、行政とか検査キットのメーカーなどです。多くの人を対象にするので、**感染している人・していない人を、どれだけ正しく判定できるか？**　がポイントになります。

S なるほど…でも、どれだけ正しく判定できるかって、誰にとっても大事な気がしますが、「検査を受ける側」だと違うんでしょうか？

A もちろん、正しく判定できることはみんなにメリットがあります。ただ、検査を受ける側、すなわち個々人では、やっぱり「**自分はホントに病気なの？　病気じゃないの？**」ってことのほうがもっと大事ですよね？

| | |
|---|---|
| 検査をする側 | 感染者・非感染者をどれだけ正しく判定できる？ |
| 検査を受ける側 | 自分はホントに感染してる（してない）？ |

**S** 確かに！　私も空港で検査されて、検査が出るまでもいろいろ不安でしたけど、出た（陰性だった）後も「ホントに感染してないのかな？　この結果って信頼できるかな？」ってのは、やっぱり心配になりました。

**A** これから紹介するのは、検査をする側の基準」としての感度や特異度、受ける側の基準としての陽性的中率・陰性的中率です。

**S** 感度は、最近よく聞きます。特異度も何となく聞いた気がするけど、あとの二つは初耳です！

**A** 四つのことば、よく似通ってますし、ごっちゃにされてしまうことも多いです。ここから、くわしく紹介していきましょう。

## 3　99.9% 対 0.1%??

**A** さて、中身に入る前に、まずはちょっとしたなぞなぞ？です。

**「A 国と B 国、2 つの国があります。A 国の人口の 99.9% と、B 国の人口の 0.1% とでは、どっちが多いでしょうか？」**

…さて、どうですか？

どっちが多い？

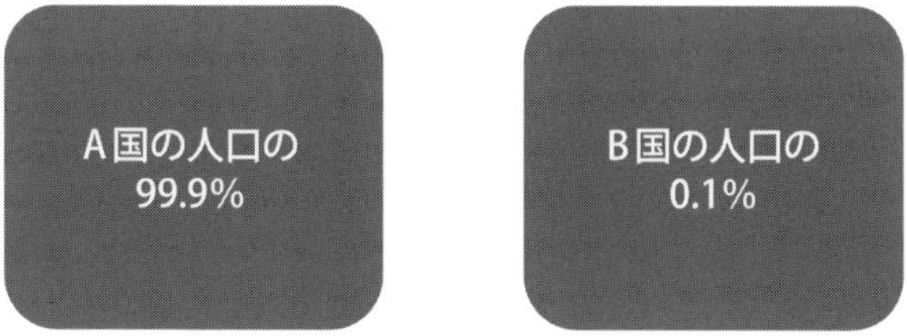

S え!?　AとBってどこなんですか？　分からないと、答えようがないですよね…

A ごもっともです！

S 小学生だったら「99.9%の方が多いから、A！」って早とちりするかもしれないけど…大人はひっかかりませんよ！

A …いやいや、失礼しました。まさに、Aがサンマリノとかモナコのような小国で、Bが人口10億を超えるインドや中国だったら、0.1%でも100万人レベルです。Aの99.9%（3-4万人程度）よりも、はるかに大きくなりますよね。

**どっちが多い？**

**A<<Bなら、Aの99.9%<Bの0.1%**

S そりゃそうですよ。でも、今回のテーマの検査、紛れ込みとか見逃しと、何か関係するのかな？

A これが、大ありなんです。では、本題に入っていきましょうか。こんな例を考えてみましょう。

「新型コロナウイルス感染症の、新しい抗体検査キットが開発された。この検査キットは、**感染して2週間以上経過した人なら、98%の確率で陽性になる。一方、感染していない人なら、95%の確率で陰性とな**

**る。**」

S 感染している人を98%見つけられて、感染してない人なら95%陰性にできる。パッと見は、よい検査に見えます。

A では、直感で答えてください。ちょっと咳が続いて熱も出たさじょーさんがこの検査を受けて、陽性と診断されました。

S え？　先生じゃなくて、私が陽性なんですか？　まあ仮定だからいいけど…

A はい、ちょっと我慢でおねがいします。さてこのとき、さじょーさんが感染している可能性はどのくらいだと思いますか？

S 自分が陽性だったら…ってことですよね。うーん…感染してる人の98%は陽性になるんだから、98%でしょうか？

A 「**感染者は98%が検査で陽性**」だから、「**検査で陽性だったら、98%で感染してる**」との考え方、なんとなく合ってそうにも思えます。ところが残念ながら、前者＝後者、とはいかないんです。

| 実は、同じじゃありません！ | |
|---|---|
| A | 「ホントに感染している人が検査を受けたら、98% 陽性」 |
| B | 「検査を受けて陽性だったら、98% がホントに感染」 |
| AからBを導くことは不可能 | |

S そ、そうなんですか？　同じだと思ってました…

A ここが、今回のポイントなんです。「感染した人が98%陽性」とか、「感染してない人は95%陰性」、これはさっきの例で言いますと、検査を実施する人の視点なんです。

S そうですよね…あ！　逆に、「私が陽性だったときに、ホントに感染してる？」は、まさに検査を受ける人の視点ってことですね。

A その通り！　この後、くわしく説明しましょう。

S お願いします！

## 4　検査を行う側の視点——感度と特異度？

A さて、最初に示した数字は、「感染した人の 98% は、検査で陽性になる」「感染しなかった人は、95% が検査で陰性になる」でした。この数字は、検査キットを開発した人や、実施する人にとっては、大きな意味のある数字ですね。

S 確かに、そう思います。全体の中でどれだけ見つけられるか？ みたいな情報が要りますよね。

A はい。そして前者の、**「感染した人（＝本当に病気の人）のうち、検査で陽性になる人の割合」を、感度（sensitivity）**。後者の、**「感染していない人（＝病気ではない人）のうち、検査で陰性になる人の割合」を、特異度（specificity）**と呼びます。

| 検査をやる側の視点（感度・特異度） | |
|---|---|
| 感度<br>sensitivity | **感染した人を検査したとき、どのくらい陽性になる？** |
| 特異度<br>specificity | **感染していない人を検査したとき、どのくらい陰性になる？** |
| **感染した人・感染していない人、どのくらい正しく見つけられる？** | |

S えーと、前者は「感染した人をちゃんと陽性にできる？」で、後者は「感染していない人をちゃんと陰性にできる？」だから、どちらも「正解率」みたいに考えればいいんでしょうか？

A 正解率、ひとつのアイディアですね。リスク比のところで出てきたような表を、タテ方向は検査陽性・陰性、ヨコ方向を感染のあり・なしとして、書いてみます。

| | 感染あり | 感染なし | 合計 |
|---|---|---|---|
| 検査陽性 | a | c | a+c |
| 検査陰性 | b | d | b+d |
| 合計 | a+b | c+d | a+b+c+d |

このとき、感度や特異度を計算できますか？

S やってみます！　まず感度が、感染ありの人の合計が a+b 人。このうち、「ちゃんと」陽性になるのが a 人で、間違えて陰性になっちゃうのが b 人。だから**感度は、**$\frac{a}{a+b}$ でいいですか？

A その通りです。なお b のような、本当は感染してるのに、検査で陰性、先ほどの**見逃し**に相当する人が、**偽陰性**（false negative）となります。では、特異度はどうでしょうか？

S 同じことを隣の列でやればいいんですよね。感染なしの人の合計は c+d 人。このうち「ちゃんと陰性」が d 人で、間違えて陽性が c 人。だから**特異度は、**$\frac{d}{c+d}$ ですね！

| | |
|---|---|
| 感度 | $\frac{\text{検査で陽性}}{\text{感染者全体}} = \frac{a}{a+b}$ |
| 特異度 | $\frac{\text{検査で陰性}}{\text{感染なし全体}} = \frac{d}{c+d}$ |

**A** さっきと同じように、c、すなわち「感染してないのに陽性になっちゃう人」が**紛れ込み**、**偽陽性**（false positive）となります。見逃しの確率と紛れ込みの確率、それぞれ感度や特異度で表せますか？

**S** えーと…見逃しは感染してるのに陰性になっちゃう人だから、$\frac{c}{a+c}$で、これは「1－感度」ですね。紛れ込みは、感染してないのに陽性になっちゃう人だから、$\frac{c}{c+d}$で、「1－特異度」でいいのかな？

**A** よくできました！　**見逃し＝偽「陰」性では1－感度、紛れ込み＝偽「陽」性では1－特異度**と、陽性と陰性の関係が一見逆転してしまうので、ちょっと注意しましょう。実は自分自身も、原稿とかで書き間違えることがよくあります…

**S** そうか、「偽陽性・偽陰性」だと、使うべき数字がひっくり返っちゃうんですね。注意します！

| | |
|---|---|
| 見逃し（偽陰性） | 1－感度 |
| 紛れ込み（偽陰性） | 1－特異度 |

**A** さて、当然ながら、紛れ込み＝偽陽性や見逃し＝偽陰性は少ない方が良い、感度や特異度は100%に近い方が良い…となります。

### 感度と特異度のイメージ

| | 感染あり | 感染なし | 合計 |
|---|---|---|---|
| 検査陽性 | a（真陽性） | c（偽陽性） | a+c |
| 検査陰性 | b（偽陰性） | d（真陰性） | b+d |
| 合計 | a+b | c+d | a+b+c+d |

↑感度（感染した人を陽性） $\frac{a}{a+b}$

↑特異度（感染なしの人を陰性） $\frac{d}{c+d}$

**S** 感度と特異度は、両方考えないとダメでしょうか？

**A** もちろんです。実は、感度や特異度、どちらか一方だけ100%にすることは、いとも簡単にできます。

**S** え!?　100%でも？

**A** はい。騙されたような話ですが、例えば「何も調べずに、全員に陽性の結果を返す」検査（検査もどき？）を考えましょう。このとき、感度はどうなりますか？

**S** うーん…あ！　全員陽性だから、感染してる人もみんな陽性。そうすると感度は確かに100%ですね…

**A** わかってきましたか？　同じように、「何も調べずに、全員陰性にする」検査もどきを考えたら…

**S** 今度は全員陰性だから、感染してない人も全員陰性で、特異度が100%になるってことですね。

| 感度・特異度、どちらかだけを上げるなら… | |
|---|---|
| 何もしないで<br>全員陽性 | 病気の人も全員陽性→感度 100%！<br>（しかし特異度は 0%...） |
| 何もしないで<br>全員陰性 | 病気でない人も全員陰性→特異度 100%！<br>（しかし感度は 0%...） |
| 一方だけを 100% にしても、まるで意味なし！ | |

Ⓐ そうですね。この二つの検査もどきは、当然何の役にも立ちませんから、「感度だけ」「特異度だけ」を見るのは間違い…ということはなんとなく見えますか？

Ⓢ なるほど、両方見ないとダメ…てのはわかりました。感度と特異度、どっちがより大事とかはありますか？

Ⓐ いい質問ですね。どちらに重きを置くかは、検査の性質とかその後に続く治療とか、さまざまな要素が関係してきます。

Ⓢ どういうことでしょう？

Ⓐ 例えば**見逃すと手遅れになる病気の検査で、なおかつその検査で陽性になっても別の精密検査が必要**…のようなケースならば、見逃し（偽陰性）を減らす方が大事です。ですから、どちらかと言えば感度を上げることが重要になります。一方で、**陽性になった場合にはかなり負担のかかる治療が必須になる**…のようなケースでは、偽陽性患者を最小限にすることも考慮に入れるべきでしょう。検査の性質と後ろに控えている治療によって、バランスは変わってきますね。

Ⓢ なるほど、わかりました！　感度と特異度が「検査を行う側の視点」だったってことは、今度は検査を受ける側の視点でしょうか？

A はい、ここからが「私が受けたときに…」の話です！

## 5 検査を受ける側の視点——陽性的中率・陰性的中率

A さて、さきほど書いた 2×2 の表を、もう一度見てみましょう。

| | 感染あり | 感染なし | 合計 |
|---|---|---|---|
| 検査陽性 | a | c | a+c |
| 検査陰性 | b | d | b+d |
| 合計 | a+b | c+d | a+b+c+d |

S 感度と特異度を計算する時は、感染あり・感染なしの、タテに見たんですよね。

A そうですね。そして今回は、「私は検査で陽性だった！」「私は検査で陰性だった！」なので…

S だとしたら、ヨコ向きに見るのかな？

A その通りです。例えば、「検査で陽性だった人」は上の行をヨコに見て、a+c 人ですよね。

S なんとなくわかってきました！　検査で陽性だった人は合計 a+c 人いて、そのうちホントに感染してるのは a 人。c 人は偽陽性だから、

$\frac{a}{a+c}$ が **「私が陽性だったとき、ホントに感染している確率」** かな？

A よくできました！　いま計算してもらった数字、「陽性だったときにホントに感染している確率」を、**陽性的中率**（positive predictive value）と呼びます。なお、**陰性的中率**（私が陰性だったとき、ホントに病気じゃない確率）も同じスタイルで計算できて、$\frac{d}{b+d}$ になります。

| 検査を受ける側の視点（陽性・陰性的中率） | | |
|---|---|---|
| 陽性<br>的中率 | **自分が陽性**だった時、<br>どのくらいの確率でホントに病気？ | $\frac{\text{感染あり}}{\text{陽性全体}}=\frac{a}{a+c}$ |
| 陰性<br>的中率 | **自分が陰性**だった時、<br>どのくらいの確率でホントに正常？ | $\frac{\text{感染なし}}{\text{陰性全体}}=\frac{d}{b+d}$ |
| 感度＝陽性的中率、　特異度＝陰性的中率ではありません !!! | | |

### 陽性的中率と陰性的中率のイメージ

| | 病気あり | 病気なし | 合計 | |
|---|---|---|---|---|
| 陽性 | a | c | a＋c | ←陽性的中率（陽性で病気）$\frac{a}{a+c}$ |
| 陰性 | b | d | b＋d | ←陰性的中率（陰性で正常）$\frac{d}{b+d}$ |
| 合計 | a＋b | c＋d | | |

**A** ちなみに最初の p.140 の例では、感度と特異度だけ示してましたが、ここから陽性的中率を計算できますか？

**S** えーと…あれ、感度はタテに見たときの数字だから、感度が $\frac{a}{a+c}$＝98%、特異度が $\frac{d}{b+d}$＝95% で…ここから、ヨコの数字って出せるのかな？　…わからなくなっちゃいました。

**A** 表を作ってみると、少なくとも「感度＝陽性的中率」ではないことは見て取れると思います。結論から言いますと、**感度と特異度の値だけで**

**は、陽性的中率や陰性的中率は計算できません。**「全体のうち何人が感染しているの？」という、**有病率**の数字が必要なんです。

| 感度・特異度と陽性的中率・陰性的中率 | |
|---|---|
| ×× | 感度＝陽性的中率、　特異度＝陰性的中率 |
| × | 感度と特異度だけで、陽性的中率・陰性的中率が計算できる |
| ○ | 感度と特異度と有病率が揃えば、<br>陽性的中率・陰性的中率が計算できる |
| 同じ感度・特異度でも、有病率が変われば<br>陽性的中率・陰性的中率は変わる | |

Ⓢ 有病率？

Ⓐ **検査の対象になる人たちの中に、感染してる人がそもそもどのくらいいるのか？**という数字ですね。例えば、全体のうち 5% の人が感染者、95% が非感染者とします。有病率はそのまま、5% ですね。このとき、1 万人が検査を受けたとして、2×2 の表を作ってみましょう。

| | | |
|---|---|---|
| 有病率 | 対象者のうち感染者は<br>そもそもどの程度いる？ | $\frac{\text{感染者人数}}{\text{全体}}$ |

Ⓢ うーん…まずは、1 万人のうち 5% が感染してるから、感染ありの合計は 500 人、感染なしの合計は 9,500 人ですね。

**陽性的中率の計算（1）（有病率 5%, 10,000 人）**

| | 感染あり | 感染なし | 合計 |
|---|---|---|---|
| 陽性 | ？ | ？ | ？ |
| 陰性 | ？ | ？ | ？ |
| 合計 | 500 人<br>（有病率 5%） | 9,500 人<br>（100%－5%） | 10,000 人 |

Ⓐ うまくできましたね。次に、500 人と 9500 人を、正解と不正解に分けてみましょう。

Ⓢ あ、ここで感度と特異度を使うんですね！

Ⓐ まさに！　感度（感染ありで陽性）は 98%、特異度（感染なしで陰性）は 95% ですよ。

Ⓢ まず感染ありの 500 人からいきます！　感度が 98% だから、500 人×98%=490 人が検査陽性＝正解で、のこりの 2%、10 人が偽陰性。

**陽性的中率の計算（2）**

| | 感染あり | 感染なし | 合計 |
|---|---|---|---|
| 陽性 | 500 人×感度 98%<br>＝490 人（正解） | ？ | ？ |
| 陰性 | 500 人－490 人＝10 人<br>（見逃し・偽陰性） | ？ | ？ |
| 合計 | 500 人<br>（有病率 5%） | 9,500 人<br>（100%－5%） | 10,000 人 |

A いい感じですよ。次は 9,500 人の感染なしですね。

S こちらは、特異度を使うんですね。9,500 人のうち、ちゃんと陰性になるのが 95% だから、9,500 人 × 95%=9,025 人が検査陰性＝正解。のこりの 950 人が、紛れ込み＝偽陽性になりました。

**陽性的中率の計算（3）**

| | 感染あり | 感染なし | 合計 |
|---|---|---|---|
| 陽性 | 490 人 | 9,500−9,025 ＝**475 人**<br>**（紛れ込み・偽陽性）** | ? |
| 陰性 | 10 人 | 9,500 人×特異度 95%<br>＝9,025 人（正解） | ? |
| 合計 | 500 人<br>（有病率 5%） | 9,500 人<br>（100%−5%） | 10,000 人 |

A これで、さきほどの 2×2 の表が埋まりましたね。では、検査陽性だった人が病気である確率、陽性的中率を計算してみましょう。

S やってみます！　陽性の人の総数は、感染ありから来た正解の人が 490 人。感染なしから来ちゃった紛れ込み人が 475 人だから、あわせて 490＋475＝965 人。965 人のうち、ホントに感染してる人は 490 人だから、490÷965＝50.7% です。…あれ、「98%陽性」「95%陰性」のイメージだと、もっと高い数字になると思ってましたけど、半分ちょいって意外に少ないんですね…

### 陽性的中率の計算（4）

| | 感染あり | 感染なし | 合計 |
|---|---|---|---|
| 陽性 | 490 人<br>（正解） | 475 人<br>（紛れ込み） | 965 人 |
| 陰性 | 10 人 | 9,025 人 | 9,035 人 |
| 合計 | 500 人 | 9,500 人 | 10,000 人 |

$$\text{陽性的中率} = \frac{\text{陽性かつ感染}}{\text{陽性全体}} = \frac{490\text{人}}{490\text{人} + 475\text{人}} = 50.7\%$$

A 計算は、今の流れで大丈夫ですよ。実際にやってみてわかったかと思いますが、「感度 95%」「特異度 98%」はあくまで検査をやる側の数値です。検査を受ける側からすると、たとえ陽性になったとしても、半分近くの人は病気じゃないんですね。

S 的中率が低くなったのは、病気の人がもともと少ないからですか？

A そうですね。少し計算してみますと、まったく同じデータでも、**有病率が 1% だと陽性的中率は 6.6% まで下がり**ます。逆に**有病率が 20% なら、陽性的中率は 63.6% まで上がります。**

S 6.6%…9 割以上の人は、陽性でも感染してないんですね。

A こうやって計算してみると、「98% 陽性！」のような言葉とのギャップが分かると思います。そして有病率は、検査をする対象を広げれば広げるほど、低くなります。

S どうしてですか？

A 検査対象が狭いときは、基本的には重い症状が既に出ている人など、

「感染している」リスクが高い人に限定されますよね。一方で対象を広げていくと、原則的にはより症状の軽い人、リスクの低い人に広がっていくので、有病率は低く、そして陽性的中率は低くなります。

**S** なんとなく、「多くの人に検査した方が、より安心できる」と思ってしまいがちですが、そうじゃなかったんですね…

**A** はい。検査対象があまりに多くなれば、偽陰性の人もやはり無視できません。偽陰性の人は「感染してなかった！」と誤解して、さらに感染源になるリスクがありますから、過信は絶対に禁物ですね。

**S** わかりました！

## 6 「ほぼ100%」、本当に大丈夫？

**A** ここまでの例は感度95%・特異度98%に設定していました。特異度を100%に近づけて、例えば99%とか99.5%にした場合でも、同じ問題は起こります。

**S** 99%を超えたら、「ほぼ100%」でいいんじゃ？ って思っちゃいますが、ダメですか？

**A** 通常なら、小数点以下、しかも見逃しの感度じゃなくて紛れ込みの特異度だから、あまり気にしなくても良さそうですが、やっぱりマズイんです。次のグラフは、有病率を1万人に1人（0.01%）から20人に1人（5%）まで動かしたときの陽性的中率を描いたものです。なおかつ、見逃しは一切ない、すなわち感度100%の状態を仮定しています。特異度は、95%・99%・99.5%・99.9%の4つ設定しました。例えば有病率が0.5%、200人に1人だと、どうなってますか？

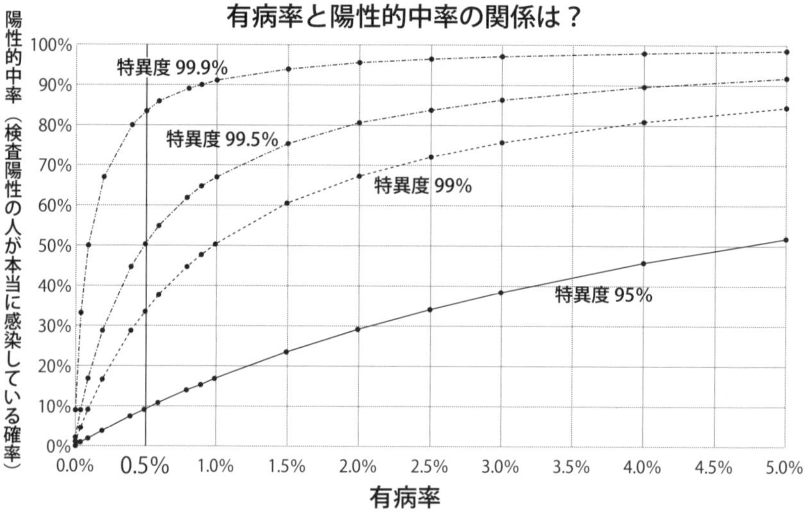


Ⓢ ヨコ軸 0.50% のところを見ると…特異度 99.9% なら、縦軸は 80% を超えてるから、「陽性になった人 5 人に 4 人はホントに病気」って言えますね。でも 99.5% だと、ちょうど 50% で、2 人に 1 人は紛れ込み。95% だと、10% そこそこだから、陽性の 10 人のうち 9 人は紛れ込みってなっちゃうんですね…

Ⓐ 「特異度 99%」や「特異度 99.5%」の数字を見れば、ほぼ 100% と考えたくなるのは自然です。でも、特異度 99% なら 100 人に 1 人、特異度 99.5% でも 200 人に 1 人は紛れ込みが起きてしまいます。このとき、有病率が 200 人に 1 人とかだと…

Ⓢ そうか！　本当に病気の人が 200 人に 1 人しかいないときだと、「100 人に 1 人紛れ込み」「200 人に 1 人紛れ込み」は、無視するわけにはいかないですよね。

Ⓐ まさに、無視できなくなってしまいます。特異度が 99.5% の検査でも、有病率が低ければ、紛れ込みの影響は次の表のように、大きくなってしまいます。

「特異度 99.5%」の抗体検査でも…1,000 人中 5 人は「紛れ込み」

| 抗体ありの割合？ | 抗体ありの人 | 紛れ込む人 | ホントに抗体あり？ |
|---|---|---|---|
| 0.1%<br>（1,000 人に 1 人） | **1,000 人中<br>1 人** | **5 人** | **6 人中 1 人**<br>（17%） |
| 1%<br>（100 人に 1 人） | **1,000 人中<br>10 人** | **5 人** | **15 人中 10 人**<br>（67%） |
| 5%<br>（20 人に 1 人） | **1,000 人中<br>50 人** | **4.8 人** | **54.8 人中 50 人**<br>（91%） |
| 10%<br>（10 人に 1 人） | **1,000 人中<br>100 人** | **4.5 人** | **104.5 人中 100 人**<br>（96%） |

**「やたらめったら（＝あんまり患者の数が多くないときに）」検査をやると、「陽性でも抗体なしの人」が大量に紛れ込む！！**

これと全く同じことが起きたのが、日本で 5 月に行われた新型コロナウイルスの抗体検査です。

S どういうことでしょう？

A 献血の検体を使った抗体検査でした。研究の組み方としてはきちんとしていて、単に「東京で何人陽性になるか？」を調べるだけでなくて、感染者が少ないはずの東北地方や、新型コロナウイルス感染症が発生していなかった 2019 年の東京の検体も検査したんですね。

S えーと、比較対照をおいたってことですね？

A よくできました！　ご存じ？の通り、「新型」以外にもコロナウイルスはあって、単なる風邪を起こすコロナウイルスもあります。これらの紛れ込みの影響を最小化するために、**2020 年の東京だけでなくて、2020 年の東北や 2019 年の東京の献血検体を、比較対照に**おいたんです。

S 結果は、どうなったんでしょう？

A 3 つの測定結果が、こちらなんです。

S あ…これはちょっと…

## 抗体検査キットの性能評価

AMED 研究班が日本赤十字社の協力を得て実施。
2020 年 4 月の献血者（n=500× 2）及び 2019 年 1-3 月の保存検体（n=500）

| | 方法 | | 定性キット（ICA 法） | | | | 定性試薬（CLIA 法） |
|---|---|---|---|---|---|---|---|
| | 企業 | | A 社※1 | B 社※1 | **C 社** | **D 社**※1 | E 社 |
| 2020 年<br>4 月<br>（※ 1 は a,b（c を除く）及び a'b' を含む同一検体で測定） | 東京<br>都内 | 陽性率 | **1/45** | **1/45** | **2/500（0.4%）** | **0/45** | **2/500（0.4%）** |
| | | 検体番号 | a | a | a、b | - | a、c |
| | 東北<br>6 県 | 陽性率 | **0/45** | **0/45** | **1/500（0.2%）** | **0/45** | **1/500（0.2%）** |
| | | 検体番号 | - | - | a′ | - | b′ |
| 2019 年<br>1-3 月 | 関東<br>甲信越 | 陽性率 | | | **1/500（0.2%）** | | **2/500（0.4%）** |
| | | 検体番号 | - | - | a″ | - | a″、b″ |

東京都内では、500 検体中に陽性検体が最大 3 件（0.6%）、東北 6 県内では、500 検体中最大 2 件（0.4%）が陽性であった。他方で 2019 年初頭（1-3 月）の検体 500 検体中、最大 2 件（0.4%）が陽性であった。
2019 年当初には新型コロナウイルス感染症は存在しなかったことから、**それらが偽陽性であるとともに、2020 年の結果についても偽陽性が含まれる可能性が高い。**（一般的には 0.4% 程度の非特異は許容）

（https://www.mhlw.go.jp/content/000637286.pdf より）

A 500 人で測定した C 社・D 社の結果をみると、東京で 500 検体中 2 検体（0.4%）陽性に対して、東北でも 500 検体中 1 検体、2019 年の 500 検体でも 1-2 検体が陽性になってしまいました。

S これじゃあ、**2020 年の東京も、紛れ込みなのかホントの感染者なのかわからない**ですね…

A 公表資料にも、「2020 年の結果についても偽陽性が含まれる可能性が高い」として、「感染者数の推計は不可能」と結論されています。もう少し陽性率が高ければ、比較対照との差をとって正確な値が出せたのでしょうが、陽性率が見込みより低かったために、紛れ込みの影響が大きくなってしまったんですね。

S 500人に1人だとしたら、正確に検出するためには、紛れ込みの可能性が1000人に1人とか、1万人に1人とか、そんな検査を使えばいいんでしょうか？

A いい考え方ですね！　例えば紛れ込みリスクが5000人に1人＝0.02%、特異度が99.98%の検査がもしあれば、500人に1人の感染率でもある程度正しく検出ができるでしょう。ただ、「5000人に1人しか紛れ込みがない」ことを、どうやって示すのか？　という懸念は残ります。

S どうやって示すのか？　とは？

A 例えば、感染していないことが確実な100人や200人で性能を確かめる試験をしたとして、全員が陰性だったとしましょう。単純に計算した値、点推定値では特異度100%、紛れ込み＝偽陽性率0%ですが…

S あ！　わざわざ点推定値って言ったってことは…幅を持たせると0でなくなる？

A 気付きましたか？　その通り、全員が陰性だったとしても、本当の特異度が100%かどうかは分かりません。

| 「全員陰性」だったとしても |
| --- |
| 点推定値では特異度100%<br>「幅を持たせると」特異度は100%でなくなる |

詳細は省略しますが、**「n人で検査して全員陰性」だったとき、紛れ込みが生じる確率を幅を持たせて推定すると、上限値はだいたい** $\frac{3}{n}$ になります。

S $\frac{3}{n}$？　100人だったら3%ってことですかね？

A そうですね。100人でゼロなら $\frac{3}{100}$ ＝3%（特異度97%），1,000人でゼロなら $\frac{3}{1000}$ ＝0.3%（特異度99.7%）、1万人でゼロなら $\frac{3}{10,000}$ ＝0.03%（特異度99.97%）という計算です。

S 意外と簡単な式なんですね！

A これを**「3の法則」**って呼ぶこともあります。ややこしく言うと「n回検査して1回も紛れ込みが起こらなかったとき、紛れ込みの発生確率の95%信頼区間の上限値は $\frac{3}{n}$」となりますが、「幅を持たせると $\frac{3}{n}$」でよいでしょう。nが100人を超えれば、十分によい近似になります。

| 便利な「3の法則」 | |
|---|---|
| **n人で紛れ込みゼロのとき、紛れ込みリスクの上限値（95%信頼限界）は $\frac{3}{n}$ になる** | |
| **100人でゼロ** | **紛れ込みリスク上限3%（特異度97%）** |
| **1,000人でゼロ** | **紛れ込みリスク上限0.3%（特異度99.7%）** |
| **10,000人でゼロ** | **紛れ込みリスク上限0.03%（特異度99.97%）** |

S 3の法則、なんかかわいい名前ですね。100人でゼロでも、幅を持たせ

ると 0−3%。ってことは、さっき考えてた、0.1% とか 0.01% みたいな値を出すためには、数千人から 1 万人で性能を確かめないとダメってことでしょうか？

A 統計的には、そうなります。もっとも、実際に数万サンプルも集めることは非常に難しくなるので、例えば 99% 以上の特異度がある検査を複数組み合わせて、どちらも陽性になったときのみ「陽性」とするなど、いろいろ工夫をしています。さきほどの抗体検査も、仕切り直しの 2 度目は、二つの検査を組み合わせて実施してるんですよ。

S 陽性者が少ないときは、99% でも 99.5% でもきわどいってこと、よくわかりました！

A コロナウイルス関連の検査は、「抗体検査で陽性だとしても、「無敵」＝二度と感染しない、とは限らない」とか、「PCR 検査で陰性でも、言えることは『その時点では感染していない』ことだけ。見逃しのリスクもある」とか、さまざまな限界があります。陽性率が高いところならば見逃し＝偽陰性が問題になりますし、低ければ今回説明したような紛れ込み＝偽陽性の問題が出てきます。「ほぼ 100%!」のような数字に振り回されず、「紛れ込みは？」「見逃しは？」を常に気にすることが大事です。特に報道ですと、「精度」という言葉で両方がごっちゃになることが多いので、気をつけましょう。…でも、ともかく無事に帰ってこられてよかったです！

S はい、しばらくゆっくり休みます！

# 8章のまとめ

| | 感染あり | 感染なし | 合計 |
|---|---|---|---|
| 検査陽性 | a | c | a+c |
| 検査陰性 | b | d | b+d |
| 合計 | a+b | c+d | a+b+c+d |

## 1　検査をやる側の視点（感度・特異度）

| 検査をやる側の視点（感度・特異度） | | |
|---|---|---|
| 感度<br>sensitivity | **感染した人**を検査したとき、<br>どのくらい**陽性**になる？ | $\frac{\text{検査で陽性}}{\text{感染者全体}}=\frac{a}{a+b}$ |
| 特異度<br>specificity | **感染していない人**を検査したとき、<br>どのくらい**陰性**になる? | $\frac{\text{検査で陰性}}{\text{感染なし全体}}=\frac{d}{c+d}$ |
| 感染した人・感染していない人、どのくらい正しく見つけられる？ | | |

## ❷ 検査を受ける側の視点（陽性・陰性的中率）

| 検査を受ける側の視点（陽性・陰性的中率） | | |
|---|---|---|
| 陽性<br>的中率 | **自分が陽性**だった時、<br>どのくらいの確率で<br>**ホントに病気**？ | $\dfrac{\textbf{感染あり}}{\textbf{陽性全体}} = \dfrac{a}{a+c}$ |
| 陰性<br>的中率 | **自分が陰性**だった時、<br>どのくらいの確率で<br>**ホントに正常**？ | $\dfrac{\textbf{感染なし}}{\textbf{陰性全体}} = \dfrac{d}{b+d}$ |
| 感度＝陽性的中率、　特異度＝陰性的中率ではありません !!! | | |

## ❸ 有病率がなければ、感度・特異度から陽性（陰性）的中率は計算できない

**有病率と陽性的中率の関係は？**

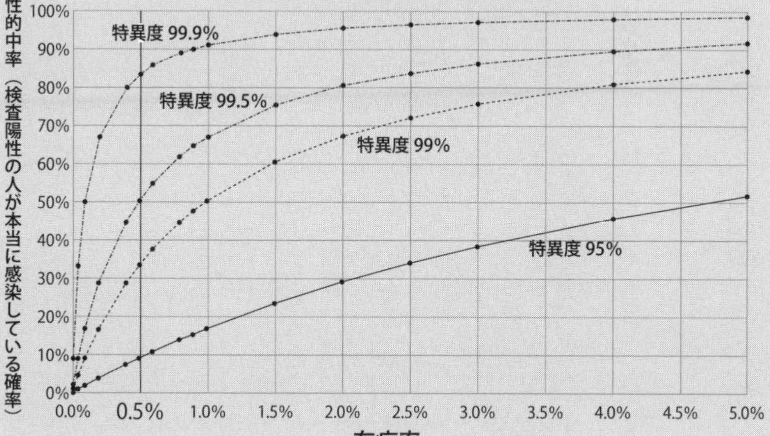

## コラム　超過死亡とは？

S 8章の話題は検査でしたけど、ニューヨークでは、感染のピーク時に検査を受けられずに亡くなった人などもいて、「隠れたコロナ感染者・隠れたコロナ死亡者がいる？」みたいに話題になりました。

A そもそも検査を受けられなかったり、あるいは検査を受けても偽陰性で見逃された人がいれば、見かけの感染者数は少なくなりますね。日本でも、「**海外に比べて検査の実施数が少ないから、本当の感染者数や死亡者数はもっと多くいるはずだ**」のような議論は多く出ていました。

S 一般の人を対象にした抗体検査とかは、ある程度「本当の感染者数は？」を知るためですよね。死亡者数は、どうしたらわかるんでしょうか？

A 各国で、死亡者数への影響をある程度把握するために使われているのが、「**超過死亡**」という考え方です。

S 超過死亡？　多く死亡したってことでしょうか？

A 単純にはまさに「多く死亡した」です。もうすこし掘り下げると、「ある要因（コロナウイルス感染症など）により、ふだんより『余計に』発生した死亡」となります。

S 単なる死亡数じゃなくて、ふだんより増えた死亡数、ってことかな？　じゃあ、死亡者数がいつもより増えていれば、超過死亡でしょうか？

A いい考え方ですね。ただ、「ちょっとでも増えたら超過死亡！」としてしまうと、偶然数人増えただけでも超過死亡になっちゃいますよね。

S あ、だとすると帰無仮説を勉強したときと同じように、「偶然とはいえないぐらいに増えた」ことが必要なのかな？

A その通り、まさに仮説検定の時と同じで、

「超過死亡あり」となるためには、単に「**ふだんより死亡が増えた**」だけではなくて、増え方が「**偶然では説明できないレベルである**」ことを満たす必要があります。

**隠れコロナ死亡？？**

| 超過死亡とは？ | |
|---|---|
| 1 | **何らかの要因があって** |
| 2 | **死亡がふだんより増えていて** |
| 3 | **増えっぷりが「偶然でない」レベルにある** |
| **「ふだん死亡」と「偶然レベル」次第で、超過死亡の有無は変わる** | |

S なんか、これまでの話とよく似てますね。ふだんの死亡数は、過去の死亡数とかをそのまま使えばいいのかな…

A そこも難しいところです。まず、亡くなる人の数は、いつも一定でしょうか？

S いつも一定、とは？

A 例えば冬と夏を比べたら、どうでしょうね？

S 季節ですか？　うーん…やっぱり寒い冬の方が、インフルエンザと

かをこじらせて亡くなる人とか、脳卒中で亡くなる人とか、多い気がします。

A その通り、月別に見ると、おおむね１月が最多・８月が最少になります。このような季節変動だけでなくて、より長期的な変動、例えばお年寄りが増えたこと（高齢化率の上昇）なども、考える必要があります。

S お年寄りが増えれば…あ、亡くなる可能性が若い人より高いから、死亡者数も増えますね。

A そうですね。ですから、「ふだんの死亡数」、すなわち**「コロナがなかったときに『観測されるはずだった死亡数』**」を出すのも、そこそこ手間のかかる作業です。この本の範囲からは外れてしまいますが、時系列分析という、季節変動や年間変動などを組み込んだ手法を使う必要があります。

S なるほど、ここまでの話では、もともとの値＝点推定値を出すのはそんなに難しくなかったけど、超過死亡のときは点推定値も大変なんですね。

A 「コロナがない状態」を再現して、「ふだんの死亡数」を実測することは当然不可能です。なので、「ふだんの死亡数」をどうやって推計するか？　も、そこにどのくらいの幅をもたせるか？　も、手法によって変わってきますね。

S ふだんの死亡数と、偶然と見なせる幅、両方が手法によって変わるってことは…超過死亡があるかどうかも、計算法によって変わるってことでしょうか？

A その通りです。ただ、アメリカやヨーロッパでは、はっきりと死亡者数の上昇が見られました。次の図は、アメリカの疾病管理センター（CDC）のデータから得たニューヨーク州の超過死亡グラフです。

## アメリカ・ニューヨーク州の超過死亡（週ごと）

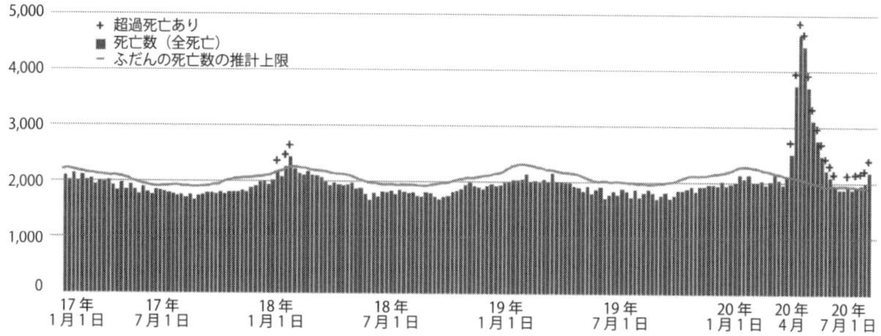


Ⓐ 折れ線が、「ふだんの死亡数の推計上限」で、それを上回ってプラスがついているところが、「超過死亡あり」とされた週です。

Ⓢ 4月は、例年の倍以上死亡者が出たんですね…これなら、どんな手法でも「超過死亡あり」ってなりそうです。

Ⓐ そうですね。もちろん、すべてがコロナウイルス感染症が原因！というわけではありません。ただ、死因などからの推測では、超過死亡のうち7-8割は、感染症が直接・間接に影響したとされています。感染者が見逃されることはあっても、死亡が見逃されることはそうそうないので、影響をとらえるのには優れた方法です。

Ⓢ 日本は、どうなんでしょう？

Ⓐ 日本では、そもそも全体の死亡者数がそれほど増えていません。実は私自身もさきほどの時系列分析をやってみたのですが、当てはめる手法によって超過死亡の出方はまちまちで、多くの都市で超過死亡を検出するモデルだと、感染者が誰もいなかった盛岡市でも「超過死亡あり」のような結果が出てきます。ですから、少なくとも感染症そのものの影響、「隠れコロナ」による超過死亡は考えにくい…というのが、私の考えです。

Ⓢ なるほど…超過死亡を考えるのは、コロナとか感染症だけですか？

Ⓐ いや、そんなことはありません。「ある要素の影響」を数値化でき

れば、感染症でなくても使えます。例えば、「受動喫煙による年間の超過死亡」なんかも、受動喫煙の相対リスクから計算できて、年間 15,000 人と推計されてます。

S へえ！　でも、コロナやインフルエンザと違って、受動喫煙はずっと存在するから、「ふだんの数字」を出すのが難しそうですね。

A いいところに気がつきましたね！　細かい手法は省略しますが、例えば「肺がんで亡くなった人のうち、何％が受動喫煙の『せいで』亡くなったか？」は、次の三つの数字を組み合わせて計算できます。

**受動喫煙による肺がんの超過死亡？**

| 超過死亡の計算のためには… | |
|---|---|
| 1 | 肺がんで亡くなる人がトータルで何人いるか？ |
| 2 | 肺がんで亡くなった人のうち、受動喫煙にさらされていた人の割合は？ |
| 3 | 受動喫煙の有無で、肺がんのリスクは何倍になるか？<br>（受動喫煙による肺がんの相対リスク） |

A 計算過程は違いますが、「受動喫煙がないときと比べて、何人が余計に亡くなっているか？」を調べている点では、考え方は同じなんですよ。

S いろんな要因があったときとなかったときとで、仮想的に死亡者数の変化を見る。そうすると、本当の影響が見えてくるってことかな？　役に立ちそうです！

# 9章

# 全部、気温のせい？

## ——相関と回帰

S おはようございます！

A おはようございます。これまでお話ししてきた推定や検定は、「何かの数字を測ったときに、グループごとに違うかどうか？」を見るのが基本でした。

S t検定なら平均値、カイ２乗検定とかオッズ比・リスク比なら、成功率や発症率ってことですよね。

A そうですね。ポイントは、「同じものさしを違うグループに当てたときに、違う数字が出るかどうか？」です。

S t検定なら平均値が変わるかどうか、カイ２乗なら成功率が変わるかどうかを、違うグループで比べてたんですね。

## 1 検定と推定？ 相関と回帰？

A 今回お話しする**相関**や**回帰**は、「同じものさしを違うグループに当てる」でなくて、「違うものさしを同じグループに当てる」のが基本です。

S 違うものさしを、同じグループ？

A 例えば、同じグループに身長と体重のような二つのものさしを当てた、みたいなケースですね。

| 検定・推定と相関・回帰の違いとは？ | |
|---|---|
| 検定・推定 | 同じものさしを違うグループに当てて比べる<br>（例：運動のあるなしで体重が変わる？） |
| 相関・回帰 | 違うものさしを同じグループに当てて比べる<br>（例：同じ人の身長と体重の関係は？） |

S　あ、なるほど。そのあと、「身長と体重の関係は？」みたいな評価をするんですね。

A　そうですね。あるグループで身長を測って、別のグループで体重を測っても何の意味もありませんから、当然同じグループで両方測ることになります。

S　相関と回帰は、どう違うんでしょう？

A　ときどき、「**相関は入れ替えても同じ、回帰は入れ替えたら値が変わってしまう**」のような形で丸覚えさせるケースがありますが、私はあまりおすすめしません。ポイントは、それぞれの手法の目的です。相関は、ものさし同士の関連性の有無を見るのが目的。回帰は、一方の数値から他方の数値を予測するのが目的です。

| 相関と回帰の目的の違いは？ | |
|---|---|
| 相関 | 二つの数値に関連があるかどうか？<br>（上下関係はなし、入れ替え可能） |
| 回帰 | 一方の数値から他方の数値を予測できるか？<br>（上下関係あり、入れ替えは不可） |

S 関連の有無が相関で、予測が回帰？？？

A ちょっと抽象的だったかもしれません。身長と体重の例ならば、相関の場合は身長と体重の数値に、関連があるかどうか、どのくらい値が散らばって（あるいはまとまって）いるかを見ます。ですから、身長と体重は対等な数値として扱われます。

S 対等に、とは？

A 「身長と体重に関連がある・ない」とすれば、当然「体重と身長にも関連がある・ない」となるってことですね。

S 確かに。じゃあ、回帰はどうなるんでしょう？

A こちらは、上下関係・主従関係がはっきりあります。例えば「身長だけ分かってて、この数値から体重を予測したい！」のようなケースです。

S 身長はすでにわかっていて、そこからまだわかっていない体重を知りたいってことですよね。

A そうですね。なので、「身長から体重を予測する」ときと、「体重から身長を予測する」ときとでは、全く状況が変わります。

S 同じ式にはならなそう…てことですか？

A 同じ式にならないのはもちろんですが、もっと根本的な違いがあります。

S 根本的な違い？

A 身長と体重であれば、「身長から体重を予測」も、「体重から身長を予測」もありそうですね。でも、実際に回帰をするときは、両方向の可能性があるケースはまずないです。例えば「高齢者の人口から商品の売上を予測する」とか、「年齢から血圧を予測する」なんてケースを考えましょう。

S あ…なるほど！　高齢者の人口から売上を予測することは自然だけど、売上から高齢者の人口を予測するってのは、何か変ですね。

| 回帰の「上下関係」とは？<br>（高齢者の人口と商品の売上げ） | |
|---|---|
| 高齢者の人口から商品の売上げを予測<br>（簡単な数値→難しい数値） | 意味あり |
| 商品の売上げから高齢者の人口を予測<br>（難しい数値→簡単な数値） | 意味なし |
| 「回帰は入れ替えると値が変化」ではなく<br>そもそも値を入れ替えたら予測する意味なし！ | |

**A** なんとなくわかりましたか？　回帰の場合は、簡単に測れるもの、上の例なら高齢者人口や年齢が「既知」の数字、やや難しいもの、将来の売上や血圧が「未知」の数字になることが基本です。ですから、既知と未知を入れ替えて、「売上から高齢者人口を予測する」「血圧から年齢を予測する」は、式が変わる以前に、そもそもやる意味がありません。

**S** 測るのが難しい数字だけ分かってて、簡単に測れるはずの数字が分からない…そんなケースはおかしいってことですね。

**A** そうですね。「回帰は値を入れ替えると数字が変わる」ではなくて、「回帰は値を入れ替えると意味がなくなる」と理解しておきましょう。

**S** わかりました！

## 2 相関とは？

**A** さて、ここからは相関の話です。

**S** 二つのものさしに、関連があるかどうかをみるってことでしたね。

**A** そうですね。身長と体重だとあまり面白くないので、よく引き合いに出されるデータではありますが、「気温とアイスクリーム」のデータを用意しました。

**S** 暑ければいっぱい売れそうだし、寒ければあんまり売れなさそうですね。

**A** もちろんその通りです。今回は、2015年から2019年まで、「月ごとのアイスクリーム支出金額（1世帯あたり全国平均、日本アイスクリーム協会データ、https://www.icecream.or.jp/biz/data/expenditures.html）」と、各月の東京の平均気温を使いましょう。

| 年月 | 平均気温（℃、東京） | アイス支出（円、1世帯あたり） |
|---|---|---|
| 2015年1月 | 5.8 | 401 |
| 2015年2月 | 5.7 | 345 |
| 2015年3月 | 10.3 | 480 |
| 2015年4月 | 14.5 | 590 |
| 2015年5月 | 21.1 | 928 |
| 2015年6月 | 22.1 | 894 |
| 2015年7月 | 26.2 | 1,257 |
| 2015年8月 | 26.7 | 1,384 |
| 2015年9月 | [illegible] | [illegible] |
| 2019年7月 | 24.1 | 1,236 |
| 2019年8月 | 28.4 | 1,513 |
| 2019年9月 | 25.1 | 996 |
| 2019年10月 | 19.4 | 724 |
| 2019年11月 | 13.1 | 531 |
| 2019年12月 | 8.5 | 584 |

**S** アイスクリーム協会なんてあるんですね…夏の7月とか8月は1,000円超えるけど、冬は300円とかだから、確かに気温は関係ありそうです。どんな計算をすればいいのかな？

**A** これを読んでる皆さんも、「まずは相関係数を計算！」のように習ったかもしれません。

**S** 確かに相関係数、授業で習ったかも…

**A** でも、いきなり計算する前に、やるべきことがありますよ。

Ⓢ 何でしょう？

Ⓐ まずは、散布図のグラフを描くことです。

**相関をみるときの鉄則**

**計算する前に、まず散布図！**

Ⓢ 散布図？

Ⓐ 散布図は単純に、「気温」と「アイスの支出」を２次元（平面）のグラフにすればいいんです。

ちょっと点が多いので、横軸を気温、縦軸をアイスクリーム支出として、散布図をこちらで作ってみました。

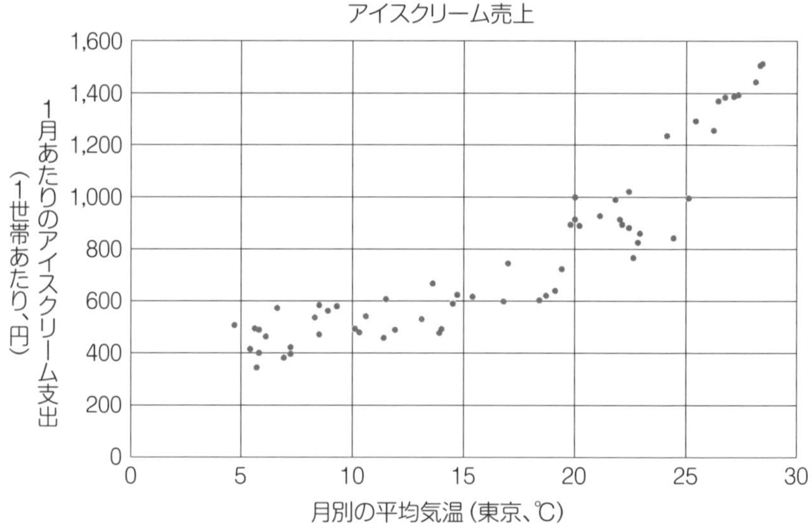


Ⓢ あ、助かった！　…散布図からは、確かに**気温が高くなるほど、アイス支出額が上がってる**ように見えます。

Ⓐ 今回のケースであれば、ある程度一直線上に散らばって見えますね。こ

のような場合なら、相関係数の計算に進んでも大丈夫です。

S じゃあ、進んじゃいけない場合もあるってことですか？

A いい質問ですね。単純に計算するとまずいのは、こんな時です。

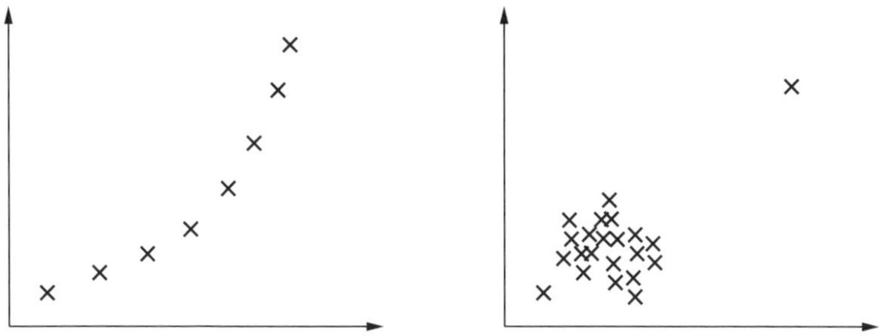

S 左の例は、一直線というよりは、放物線の関係にありそうです。右の例は、一個だけ外れ値がありますね。

A 見ての通りですね。左は、「一方が増えると他方も増える」関係にありますが、放物線のほうがきれいにフィットします。このような場合には、Y の数値を $\sqrt{Y}$ などに変換した方が、正しい判断ができます。

S なるほど。右はどうでしょう？

A 右のデータって、二つの軸に関連はありそうですか？

S 外れ値は気になるけど、他は関連なさそうです。

A 散布図を書けば、関連がなさそうなことは見て取れますよね。しかしこのようなデータで、みんなが最初に習ったような相関係数を計算すると、「相関が強い」ような結果が出てしまうんです。

S え!?　何ででしょう？

A むかし平均値のところで、外れ値の話をしたのを覚えてますか？

S 覚えてます！　平均値は外れ値があると引きずられちゃうから、そういう時には中央値のほうがいいよって話ですよね。

A そう、その話です。実はこれから紹介する相関係数（Pearson の積率相関係数）は、平均値と同じように、外れ値があると数字が大きく変わってしまうんです。

| 相関係数（Pearson の積率相関係数）の弱点 |
| --- |
| 平均値と同様、**外れ値に弱い** |
| 外れ値があると、ほとんど相関がなくても強い相関が出てしまう |

S ぜんぜん関連がなくても、相関が強いように見えてしまうってことですか？

A その通り、ほとんど相関なしでも、外れ値が一点加わるだけで、数字上は「強い相関」となってしまいます。散布図を描いていれば「おかしい」って気付くんですが、表から相関係数を求めるだけだと、そのまま「強い相関あり！」と早とちりしてしまうことが多いので、気をつけましょう。

S 今回は外れ値もないし、一直線に並んでそうだから、計算しても大丈夫そうですね。

A そうですね。例えば経済指標や人口などをものさしにしたとき、都道府県別に出したときの東京都や、国別に出したときの中国などが外れ値になることは少なくないです。「まず相関係数！」でなくて、「まず散布図！」は、基本中の基本ですよ。

S 注意しておきます！

## 3 相関係数の計算

A それでは、実際にこのデータで相関係数を求めてみましょう。

S お願いします！

A まずは下準備です。X 軸の気温と、Y 軸のアイスクリーム支出、それぞれの「不偏分散」「$\sqrt{\text{不偏分散}}$」を求めましょう。**気温の平均は、**(5.8＋5.7＋…＋13.1＋8.5)÷60＝**16.4。アイスクリーム支出の平均**

は、(401＋345＋…＋531＋584)÷60＝**767.2 円**ですよ。

**S** あとは、平均からのズレの 2 乗を足していって、N−1 で割るんですよね。**気温のズレ 2 乗の和は、**

$(111.83-767.2)^2+(113.96-767.2)^2+\cdots+(62.02-767.02)^2$

＝**3,315.17**。

これを 60−1＝59 で割って、**不偏分散が 56.19、$\sqrt{\text{不偏分散}}$ は 7.50** になりました。

**A** いい感じですね。では、アイスクリーム支出もお願いします。

**S** こっちも、ズレの 2 乗の和は…6,424,676。不偏分散は 108,893、$\sqrt{\text{不偏分散}}$ は 329.99 です！

| 年月 | 平均気温（℃、東京） | アイス支出（円、1 世帯あたり） | 気温のズレ 2 乗［平均 16.4℃との差の 2 乗］ | アイス支出のズレ 2 乗［平均 767.2 円との差の 2 乗］ |
|---|---|---|---|---|
| 2015 年 1 月 | 5.8 | 401 | 111.83 | 134,127 |
| 2015 年 2 月 | 5.7 | 345 | 113.96 | 178,281 |
| 2015 年 3 月 | 10.3 | 480 | 36.91 | 82,503 |
| 2015 年 4 月 | 14.5 | 590 | 3.52 | 31,412 |
| 2015 年 5 月 | 21.1 | 928 | 22.33 | 25,846 |
| 2015 年 6 月 | 22.1 | 894 | 32.78 | 16,070 |
| 2015 年 7 月 | 26.2 | 1,257 | 96.53 | 239,871 |
| 2015 年 8 月 | 26.7 | 1,384 | 106.61 | 380,401 |
| 2015 年 9 月 | 22.6 | 768 | 38.75 | 1 |
| 2019 年 7 月 | 24.1 | 1,236 | 59.68 | 219,742 |
| 2019 年 8 月 | 28.4 | 1,513 | 144.60 | 556,168 |
| 2019 年 9 月 | 25.1 | 996 | 76.13 | 52,334 |
| 2019 年 10 月 | 19.4 | 724 | 9.15 | [illegible] |
| 2019 年 11 月 | 13.1 | 531 | 10.73 | 55,806 |
| 2019 年 12 月 | 8.5 | 584 | 62.02 | 33,574 |
| **平均** | **16.4** | **767.2** | **総和 3,315.17** | **総和 6,424,677** |
| | | | **不偏分散 56.19** | **不偏分散 108,893** |
| | | | **$\sqrt{\text{不偏分散}}$ 7.50** | **$\sqrt{\text{不偏分散}}$ 329.99** |

**A** しっかり求められましたね！　この数値は、気温は気温、アイスはアイスで個別に計算したものですから、二つのものさしの関連を見ることは当然できません。関連を評価できるのは、ここから先ですよ。

**S** どんな数値になるのかな？

Ⓐ 先ほどの不偏分散は、「気温のズレの２乗」もしくは「アイス支出のズレの２乗」を計算してましたよね。気温だけとか、アイスだけとか、片方のものさしからの数値を扱っていても、関連は調べられません。そこで、「気温のズレ」と「アイス支出のズレ」を、各月ごとに掛け算してみましょう。

Ⓢ 気温×気温、アイス×アイスでなくて、気温×アイスなんですね。2015 年 1 月なら、気温のズレが（5.8−16.4）、アイスのズレが（401−767.2）で、かけ算すると（−10.6）×（−366.2）＝3,872.9 です。あれ、中身のマイナスはそのままでいいんでしょうか？

Ⓐ いったん、気にせず計算して、総和を出しましょう。

| 年月 | 平均気温（℃、東京） | アイス支出（円、1 世帯あたり） | 気温のズレ 2 乗［平均 16.4℃との差の 2 乗］ | アイス支出のズレ 2 乗［平均 767.2 円との差の 2 乗］ | 気温のズレ×アイスのズレ［（平均 16.4℃との差）×（平均 767.2 円との差）］ |
|---|---|---|---|---|---|
| 2015 年 1 月 | 5.8 | 401 | 111.83 | 134,127 | 3,872.9 |
| 2015 年 2 月 | 5.7 | 345 | 113.96 | 178,281 | 4,507.3 |
| 2015 年 3 月 | 10.3 | 480 | 36.91 | 82,503 | 1,744.9 |
| 2015 年 4 月 | 14.5 | 590 | 3.52 | 31,412 | 332.3 |
| 2015 年 5 月 | 21.1 | 928 | 22.33 | 25,846 | 759.6 |
| 2015 年 6 月 | 22.1 | 894 | 32.78 | 16,070 | 725.7 |
| 2015 年 7 月 | 26.2 | 1,257 | 96.53 | 239,871 | 4,812.0 |
| 2015 年 8 月 | 26.7 | 1,384 | 106.61 | 380,401 | 6,368.1 |
| [illegible]年 9 月 | 22.6 | [illegible] | 38.75 | [illegible] | [illegible]4.8 |
| 2019 年 [illegible] | [illegible] | 1,236 | [illegible] | 219,742 | [illegible] |
| 2019 年 8 月 | 28.4 | 1,513 | 144.60 | 556,168 | 8,967.8 |
| 2019 年 9 月 | 25.1 | 996 | 76.13 | 52,334 | 1,996.0 |
| 2019 年 10 月 | 19.4 | 724 | 9.15 | 1,869 | -130.8 |
| 2019 年 11 月 | 13.1 | 531 | 10.73 | 55,806 | 773.7 |
| 2019 年 12 月 | 8.5 | 584 | 62.02 | 33,574 | 1,443.0 |
| **平均** | **16.4** | **767.2** | **総和 3,315.17** | **6,424,677** | **131,504.8** |
| | | | **不偏分散 56.19** | **108,893** | **共分散 2,228.9** |
| | | | **$\sqrt{\text{不偏分散}}$ 7.50** | **329.99** | |

Ⓢ だとすると…合計は 131,504.8 になりました。ここからどうしますか？　やっぱり N−1 で割るのかな？

A いい勘してますね！　その通り、N−1＝59で割りましょう。

S わーい！　すると、131,504.8÷(60−1)＝2,228.9です。

A この値を、**共分散**（Covariance, Cov(X,Y)）と定義します。X（温度）とY（アイス）のばらつき度合いをミックスさせたものなので、「共」分散と考えればいいでしょう。

$$\textbf{共分散} = \frac{\text{「（気温のズレ）×（アイス支出のズレ）」の総和}}{\text{例数} - 1}$$

S 分散じゃなくて、共分散なんですね。

A この共分散の値は、2乗して足し合わせる分散とは違って、マイナスの値もとりえます。

S マイナスは、そのままでいいんでしょうか？

A むしろ、マイナスをそのまま残すところが計算のポイントになります。共分散の分母は、「気温の平均からのズレ」と「アイス支出の平均からのズレ」を掛け算していました。両者の正負を図で示すと、こんな感じです。

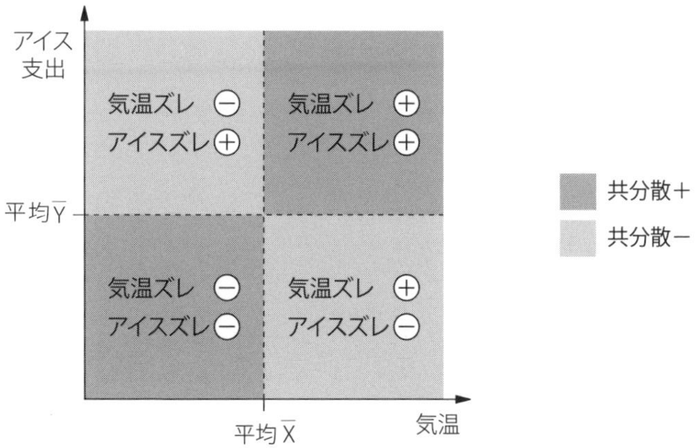


S 両方大きくなったり、両方小さくなるのはプラス。一方は平均以上、も

う一方が平均以下だと、マイナスってことですね。

A　はい。例えば、「気温が高いとアイスが売れる・気温が低いとアイスが売れない」関係が強いとき、ズレの積はどうなるでしょう？

S　うーん…あ、多くのデータで正の値になるから、総和は正の大きな値になる？

A　その通りです。逆に、「気温が高いとアイスが売れない・気温が低いとアイスが売れる」なら…

S　もしそうなったら、(平均以上)×(平均以下) のケースが多くなるから、負の大きな値になる！

A　分かってきましたね！　そして、両者にあまり関連性がなければ、プラスとマイナスで打ち消し合って、総和はゼロに近づきます。

**一方が増えると他方も増える場合は「正の相関」、一方が増えると他方が減るときは「負の相関」**と呼ばれます。いま見てきたように、正・負の相関が強ければ共分散は正・負の（絶対値の）大きな値に、相関が弱ければゼロに近づきます。

| 共分散の計算結果は？ | |
|---|---|
| 一方が上がると他方も上がる<br>（強い正の相関） | ズレの積が正のデータ多い<br>→ 共分散は正の大きな値 |
| 一方が上がると他方は下がる<br>（強い負の相関） | ズレの積が負のデータ多い<br>→ 共分散は負の大きな値 |
| 関連性小さい<br>（相関弱い） | ズレの積は正負まちまち<br>→ 共分散はゼロに近い値 |
| 共分散の絶対値の大小は、相関の強弱に影響 | |

S 共分散の性質は、なんとなく分かりました。で、**相関係数**はまだかな？

A 共分散 2,228.9 が出せれば、もう少しです。相関係数 $r$ は、分子に共分散、分母に「気温の $\sqrt{\text{不偏分散}}$」×「アイス支出の $\sqrt{\text{不偏分散}}$」で求めることができます。

$$\text{相関係数 } r = \frac{\text{共分散}}{\text{「気温の}\sqrt{\text{不偏分散}}\text{」}\times\text{「アイス支出の}\sqrt{\text{不偏分散}}\text{」}}$$

S あ、そんなに難しくなかった！　**気温の $\sqrt{\text{不偏分散}}$ が 7.5、アイスの $\sqrt{\text{不偏分散}}$ が 329.99 だから、$\frac{2,228.9}{7.5\times329.99}$ =0.901** になりました！

A いま出してもらった値が、**相関係数**、正しくは "**Pearson の積率相関係数**" と呼びます。なんとなく「−1 から 1 まで」って理解している人も多いかもしれませんが、実際に−1 から 1 の範囲を動きます。
データが傾き正の直線にのるとプラス 1、傾き負の直線にのるとマイナス 1 で、相関が弱ければ数値はゼロに近づきます。今の例の 0.901 であれば、かなり強い正の相関と言えますね。

**$r$ の絶対値が 0 に近い ➡ 相関弱い**
**$r$ の絶対値が 1 に近い ➡ 相関強い**

**一方が増えると他方も増える ➡ 正の相関、$r > 0$**
**一方が増えると他方は減る　➡ 負の相関、$r < 0$**

S 相関係数がいくつ以上なら相関ありとか、基準はありますか？

A ときどきある質問ですね。ただ、相関は「ある」「なし」ではなくて、「強い・弱い」で表現されるので、検定の有意水準 5% のような「ある・なしの境界」はありません。医学では絶対値で 0.6−0.7 あたりを

「強い相関」と見なすことが多いですが、心理学などではもっと低くても相関を認めるので、分野によっても変わってきます。下の図に、r の値をいくつか変化させたものを示しておきました。

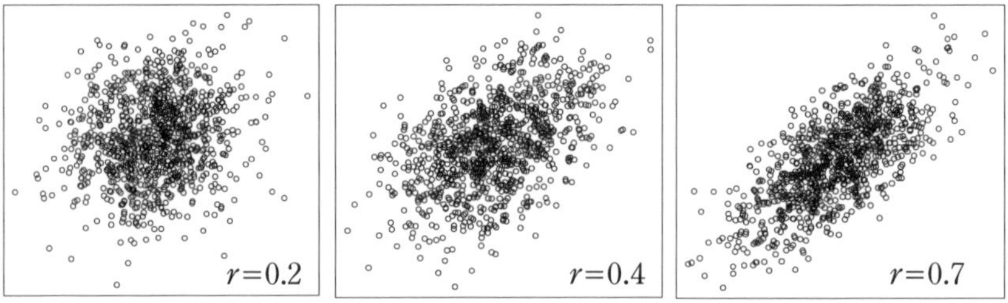


対馬栄輝著『SPSS で学ぶ医療系データ解析 第 2 版』より転載

S 0.7 ならかなり関連性が見えて、0.4 だと「なんとなくあるかな？」、0.2 だとほとんど何もなさそうですね。

A そうですね。ところで相関係数 r の式、「気温」と「アイス」を入れ替えたら、どうなるでしょう？

S 入れ替える？　えーと、分母は $\sqrt{不偏分散}$ の積、分子は共分散でしたよね。…役割を入れ替えても、式は一緒だから、値は変わらないと思います。

A その通りです。最初に説明したとおり、相関は二つのものさしに上下関係をつけません。ですので、数値を入れ替えても値は一致します。

S もともと「関連性」を見てるから、値を入れ替えても一緒、ってことですね！

## 4 回帰とは？

A さて、ここまでは相関として、「気温」と「アイス」の関連性の有無を見てきました。今度は同じデータを使って、回帰をやってみましょう。

S 回帰は…「一方から他方を予測する」でしたよね。

A はい。繰り返しになりますが、簡単に測定できたり、すでに分かっているものさしの値から、測定が難しい・未知のものさしの値を予測するのが回帰です。今回は「気温」と「アイス」ですが…

S 気温とアイスだったら、気温の方が測りやすいですよね？　だから、気温からアイスの売上を予測するかな？

A そうですね。今回は、「気温⟶アイス」で計算をしてみましょう。

S どんなふうに予測するんでしょうか？

A 予測の仕方はさまざまありますが、今回は最も単純な線形回帰、すなわち直線をあてはめて回帰する方法を紹介します。改めて言うまでもないことですが、直線ですから、傾きと切片を求めればいいわけです。

S いろんな直線が引けそうですが、うまくあてはまる直線をどうやって決めればいいのかな？

A 一般的に使われるのは、「**最小二乗法**」というやり方です。

S 最小二乗法？

A 言葉だとややこしいですが、図を見た方がわかりやすいでしょう。X 軸の気温から Y 軸のアイス支出を予測するとき、一直線上にぴったり値がのるわけではないので、どうしても誤差が出ます。

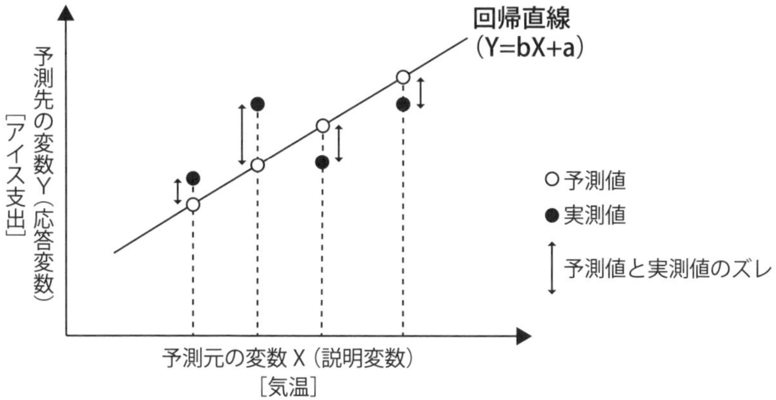


S 直線上の点と、実際の値のズレが、「誤差」ですね。

A この誤差を、なるべく小さくしよう…というのが、最小二乗法の考え方です。具体的には、「最小」「二乗」の名の通り、全ての点について誤差の2乗を合計した値が、最も小さくなるような直線を引くことになります。

Ⓢ 直線の引き方の概念は、なんとなくわかりました。でも、どうやって最小になる直線を決めるんでしょう？

Ⓐ 求め方から説明するととても長くなってしまうので、今回は計算方法だけ紹介します。さっき相関のところで出てきた計算が、そのまま使えるところも多いですよ。

Ⓢ やってみます！

Ⓐ まず、気温とアイス、それぞれの平均値（気温16.4℃、アイス支出767.2円）からのズレを各月で計算しました。ここから、二つの数字を出してみましょう。まずは、さっきの共分散でも出てきた「気温のズレ」×「アイス支出のズレ」。それから、「気温のズレの２乗」です。

| 年月 | 平均気温 | アイス支出 | 気温のズレ［平均16.4℃との差］ | アイス支出のズレ［平均767.2円との差］ | 気温のズレ×アイスのズレ | 気温のズレ２乗 |
|---|---|---|---|---|---|---|
| 2015年１月 | 5.8 | 401 | -10.6 | -366 | 3,872.9 | 111.83 |
| 2015年２月 | 5.7 | 345 | -10.7 | -422 | 4,507.3 | 113.96 |
| 2015年３月 | 10.3 | 480 | -6.1 | -287 | 1,744.9 | 36.91 |
| 2015年４月 | 14.5 | 590 | -1.9 | -177 | 332.3 | 3.52 |
| 2015年５月 | 21.1 | 928 | 4.7 | 161 | 759.6 | 22.33 |
| 2015年６月 | 22.1 | 894 | 5.7 | 127 | 725.7 | 32.78 |
| 2015年７月 | 26.2 | 1,257 | 9.8 | 490 | 4,812.0 | 96.53 |
| 2015年８月 | 26.7 | 1,384 | 10.3 | 617 | 6,368.1 | 106.61 |
| 2015年９月 | 22.6 | [illegible] | 6.2 | 1 | [illegible] | 38.75 |
| 2019年７月 | [illegible] | 1,236 | [illegible] | [illegible] | 3,621.2 | [illegible] |
| 2019年８月 | 28.4 | 1,513 | 12.0 | 746 | 8,967.8 | 144.60 |
| 2019年９月 | 25.1 | 996 | 8.7 | 229 | 1,996.0 | 76.13 |
| 2019年10月 | 19.4 | 724 | 3.0 | -43 | -130.8 | 9.15 |
| 2019年11月 | 13.1 | 531 | -3.3 | -236 | 773.7 | 10.73 |
| 2019年12月 | 8.5 | 584 | -7.9 | -183 | 1,443.0 | 62.02 |
| **平均** | **16.4** | **767** | **総和　0.0** | **0** | **131,504.8（ズレの積の総和）** | **3,315.17（気温の偏差平方和）** |

**※偏差平方和：ズレ（偏差）の２乗の和**

Ⓢ あ、これならさっき計算したのと似てるかな…　それぞれ、こんな形になりました。あれ、「アイス支出のズレの２乗」は計算しなくていいのかな？

A　今回は、2 乗するのは気温だけです。では、二つの数値を全期間分合計しましょう。

S　同じ式、相関係数のところで出てきてましたよね？　気温×アイスが 131,504.8, 気温の 2 乗が 3,315.17 です。

A　ちょっと大変でしたが、ちゃんと計算できましたね。では、気温×アイスの値を、気温の 2 乗で割り算しましょう。

S　えーと、**131,504.8÷3,315.17＝39.67** になりました！

A　いま求めてもらった 39.67 が、直線の「傾き（**回帰係数**）」になります。

$$\text{回帰係数 } b = \frac{\sum (x_i - \bar{X})(y_i - \bar{Y})}{\sum (x_i - \bar{X})^2}$$

**b の分子＝「気温のズレ×アイス支出のズレ」の総和 131,504.8**

**b の分母＝「気温のズレの 2 乗」の総和 3,315.17**

$$\text{回帰係数 } b = \frac{131{,}504.8}{3{,}315.17} = 39.67$$

S　あ、意外と簡単に出ましたね！　切片は、どうなりますか？

A　切片は、もっと単純な形で出せます。**気温の平均値を入れたときに、アイス支出の平均値が出てくるように、値を調整**するんです。
すなわち、アイス支出＝39.67×気温＋a とおいたとき、気温に 16.4℃を入れたら、支出額が 767.2 円になるように a を設定します。

S　えーと、767.2＝39.67×16.4＋a（切片）ってことだから…　a＝767.2－39.67×16.4 で、117.7 になりました。

A　よくできました！　まとめると、

**「アイスの支出」＝ 39.67×「気温」＋117.7**

となります。回帰係数の 39.67 は、「**気温が 1℃上がると、アイスの支出が 39.67 円上がる**」と解釈できますね。

| 回帰係数の意味は？ |
| --- |
| **一方の数値が 1 単位変化したとき、他方はいくつ変化するか？<br>（気温が 1℃上がると、アイスの支出は 39.67 円増える）** |

Ⓢ 切片は、どうなんですか？　気温が 0℃のとき、支出 117.7 円ってことかな…

Ⓐ 数学的にはそのように解釈できなくもないですが、もともとの気温のデータは 5℃から 30℃あたりに限られます。なので、「0℃のときにどうなるか？」はデータが全くないところを予測することになるので、信頼性は下がってしまいます。今回はまだ気温なので、ゼロ近くの値もありますけど、これが例えば「身長から体重を予測する」なんかのケースだと、どうなると思いますか？

Ⓢ 同じように切片を解釈すると、「身長ゼロ cm のときの体重」みたいになっちゃいますね。

Ⓐ そうですね。「身長ゼロ cm のとき、体重はマイナス 15kg」のようなデータになることも十分にあり得ます。一般的には、切片は単に値を調整する役割のみで、「X がゼロの時の…」の解釈は役に立たないか、意味のないことが多いですね。切片よりも、回帰係数のほうが大事です。

Ⓢ なるほど、わかりました！

| 切片は？ |
| --- |
| **切片（117 円）は通常は意味なし** |

## 5　全部、気温のせい？――相関と回帰をつなぐもの

A　回帰直線を書くときに、「最小二乗法で考える」説明をしましたね。

S　直線上の点と、実際の点とのズレの二乗を、最小にするって話でした。

A　そうですね。ここをもう少し掘り下げてみると、面白い性質が見えてきます。

S　???

A　いったん最小二乗法は忘れて、ちょっとアイスの身？になって考えましょう。さきほどのデータだと、アイスの支出と気温には強い正の相関がありました。

S　回帰直線でも、気温が 1℃上がると、支出が 39.67 円増える関係にありました。

A　例えば、暑い夏と寒い冬を比較したら、夏は平均より多く、冬は平均より少なくなるはずですね。

S　気温が高ければ平均より高く、気温が低ければ平均より低い…ってことですね。

A　では、2015 年 1 月のデータ（気温 5.8℃、アイス支出 401 円）と 2015 年 8 月のデータ（気温 26.7℃、アイス支出 1,384 円）を見てみましょう。支出の全期間の平均は 767.2 円です。1 月と 8 月、それぞれ支出額を平均と比べるとどうなるでしょう？

S　平均との差ですか？　1 月はマイナス 366.2 円、8 月はプラス 616.8 円です。

A　そうですね。二つの月同士でみると 1,000 円近く差がありますが…

S　それは、8 月の気温が 1 月より高かったから、ですよね？？？

A　まさにその通り。**支出の差のうち、ある程度の部分は、気温の変化で説明できます**。言うなれば、「支出が 8 月は上がって、1 月には下がったのは、8 月の気温が高く、1 月の気温が低いからだ！」と「気温のせい」にできるわけです。

S でも、**全部が気温のせいじゃない**ですよね。

A そう、「全部を気温のせいにはできない」のがポイントです。そこで、平均からのズレを、「**気温で説明できる部分**」と「**それでも説明しきれない部分**」に分解してみましょう。

| 平均からの「ズレ」の分解 | |
|---|---|
| 気温がズレたことで<br>説明可能な部分 | ある月のアイス支出の予測値と<br>全期間のアイス支出の平均値とのズレ |
| 気温のズレでも<br>説明しきれない部分 | ある月のアイス支出の実測値と<br>ある月のアイス支出の予測値とのズレ |

S どうやって分解するんですか？

A 分解というと厄介そうですが、実は単純で、最小二乗法のときと同じです。まずは、回帰式を使って1月や8月の支出を予測できますか？

S 予測ってなんでしょう？

A 最初の定義のとおり、1月や8月の気温を回帰式に入れて、それぞれの支出を予測するってことですよ。

S あ、それなら分かります！

**アイス支出＝39.7×気温＋117.7**　が回帰式でした。

**2015年1月は5.8℃だから**、39.7×5.8＋117.7＝**344.7円**。

**2015年8月は26.7℃だから**、39.7×26.7＋117.7＝**1,176.8円**。

A 計算は、それほど難しくはなかったと思います。もし1月や8月の数字が344.7円や1,176.8円とぴったり一致していれば、「全部、気温のせいだ。」にできますが、実際は少しズレていますね。

S はい。実測値は401円と1,384円だから、1月は401－344.7円＝53.3円、8月は1,384－1,176.8＝207.2円、ズレが残ってます。

**A** いま計算してもらった値は、「予測値と実測値のズレ」、すなわち「気温の変化では説明しきれない誤差」になります。

流れをまとめると、

**平均からの実測値のズレ** ＝ **平均と予測値のズレ（気温のせいにできる部分）** ＋ **予測値と実測値のズレ（気温のせいにできない誤差）**

となります。

**S** ここから、どうなるんでしょうか？

**A** さて、こちらに全てのデータについて、アイス支出の「平均値と実測値のズレⒶ」・「平均値と予測値のズレⒷ」・「予測値と実測値のズレⒸ」の値と、それらの２乗値をまとめました。さらに、３つのデータを全期間で合計した値も、計算してみました。

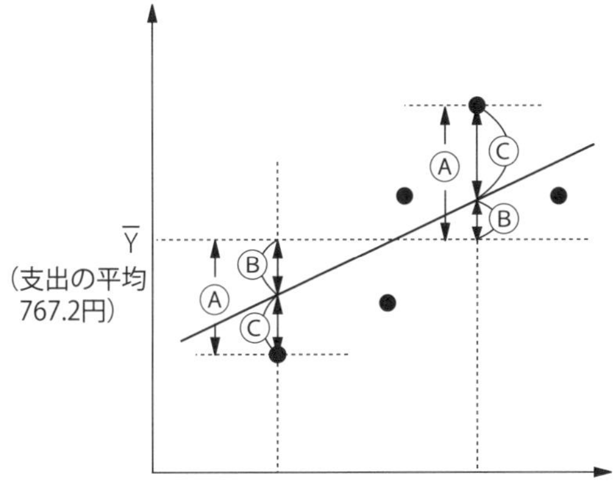


Ⓐ：アイス支出平均からのズレ
（全体ズレ，アイス支出**実測値と平均値**のズレ）

Ⓑ：気温の変化で説明できる部分
（アイス支出**予測値と平均値**のズレ）

Ⓒ：気温では説明しきれない誤差
（アイス支出**実測値と予測値**のズレ）

| 年月 | アイス支出のズレ2乗（偏差平方和） | アイス売上予測値 | 予測値と平均のズレ（気温変動で説明OK） | 予測値と平均のズレ2乗 | 予測値と実測値のズレ（気温で説明不可） | 予測値と実測値のズレ（誤差）の2乗 |
|---|---|---|---|---|---|---|
| 2015年1月 | 134,127 | 347.7 | -419.5 | 175,967 | -53.3 | 2,836 |
| 2015年2月 | 178,281 | 343.8 | -423.5 | 179,311 | -1.2 | 1 |
| 2015年3月 | 82,503 | 526.3 | -241.0 | 58,072 | 46.3 | 2,139 |
| 2015年4月 | 31,412 | 692.9 | -74.4 | 5,532 | 102.9 | 10,579 |
| 2015年5月 | 25,846 | 954.7 | 187.4 | 35,130 | 26.7 | 711 |
| 2015年6月 | 16,070 | 994.3 | 227.1 | 51,573 | 100.3 | 10,066 |
| 2015年7月 | 239,871 | 1157.0 | 389.7 | 151,892 | -100.0 | 10,007 |
| 2015年8月 | 380,401 | 1176.8 | 409.6 | 167,745 | -207.2 | 42,932 |
| …年9月 | [illegible] | [illegible] | 246.9 | 60,975 | [illegible] | 60,597 |
| 2019年… | …,742 | 1073.7 | [illegible] | …,900 | -162.3 | [illegible] |
| 2019年8月 | 556,168 | 1244.2 | 477.0 | 227,531 | -268.8 | 72,234 |
| 2019年9月 | 52,334 | 1113.3 | 346.1 | 119,785 | 117.3 | 13,767 |
| 2019年10月 | 1,869 | 887.2 | 120.0 | 14,399 | 163.2 | 26,643 |
| 2019年11月 | 55,806 | 637.3 | -129.9 | 16,877 | 106.3 | 11,304 |
| 2019年12月 | 33,574 | 454.9 | -312.4 | 97,582 | -129.1 | 16,679 |
| **平均** | **6,424,677（アイス支出のズレ2乗）** | | | **5,216,470（気温で説明可能部分）** | | **1,208,206（気温で説明不能部分）** |

**回帰係数 b=39.7**
**切片 a=117.7**

**決定係数 R=5,216,470÷6,424,677=0.812**
**$(=r^2)$**

Ⓢ Ⓐの2乗の合計が6,424,676。Ⓑの2乗の合計が5,216,470。Ⓒの2乗の合計が1,208,206。2乗して全データ足し合わせると、かなり大きな数字になりますね。

Ⓐ 3つの数字を見てて、何か気付きませんか？

Ⓢ ん？　えーと、A、B、Cの二乗和をみると…あ！　ちゃんと

「Ⓐの二乗和」=「Ⓑの二乗和」+「Ⓒの二乗和」

になってます！

Ⓐ 非常にきれいな性質ですね。そしてさきほど計算してもらった通り、Bが「気温のズレで説明できる部分」、Cが「気温でも説明しきれない誤差」でした。ですので、Bを大きく、Cを小さくできれば、「Bでよく説明できる」ことになります。

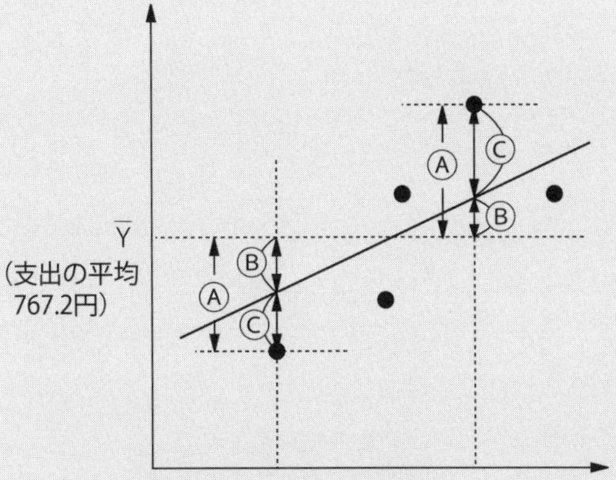


Ⓐ：アイス支出平均からのズレ
（全体ズレ，アイス支出**実測値と平均値**のズレ）

Ⓑ：気温の変化で説明できる部分
（アイス支出**予測値と平均値**のズレ）

Ⓒ：気温では説明しきれない誤差
（アイス支出**実測値と予測値**のズレ）

$$\sum(\mathbf{y}-\overline{\mathbf{Y}})^2 = \sum(\mathbf{y}_i-\overline{\mathbf{Y}})^2 + \sum(\mathbf{y}-\mathbf{y}_i)^2$$

| | | |
|---|---|---|
| y の実際の値のばらつき | y の予測値のばらつき | y の誤差のばらつき |
| （実際の支出の平均からのズレの2乗） | （予測値と**平均**のズレの2乗） | （予測値と**実測値**のズレの2乗） |

決定係数 R＝ $\dfrac{\sum Ⓑ^2}{\sum Ⓑ^2}$ ＝相関係数 **r** の2乗　となる

S 誤差が小さい分、直線でほとんど説明できちゃうってことですね。

A そうですね。この考え方を進めて、$\dfrac{\boldsymbol{\Sigma} Ⓑ^2}{\boldsymbol{\Sigma} Ⓐ^2}$ **を決定係数 R** と定義します。

S 今回だったら、521 万÷642 万で、0.812 です。

A **「アイス支出の変動のうち 81.2% は、気温の変動で決定（説明）でき**

**る**」と解釈できますね。最後の最後に、決定係数 R のルートを計算してみましょう。

S　ルートですか？　$\sqrt{0.812} = 0.901$ でいいのかな？

A　この 0.901、実は相関係数に一致するんですよ。

S　すごい！

A　ずっと式を追いかけていけば示すことも出来ますが、今回は省略します。今の性質は常に成立するので、決定係数を $R=r^2$ と表記することも多いです。実際に手計算で求めることはまずないと思いますが、「値のズレをどれだけ他の値のせいにできるか？」という概念は、覚えておきましょう。

S　はーい！

# 9 章のまとめ

## 1　共分散を計算する

サンプル数 n、変数 X の平均値 $\overline{X}$、変数 Y の平均値 $\overline{Y}$ のとき、

共分散 Cov (X, Y)

$$= \frac{\Sigma\,(\text{X}の平均からのズレ) \times (\text{Y}の平均からのズレ)}{サンプル数-1}$$

$$= \frac{\Sigma(x_i-\overline{X})(y_i-\overline{Y})}{n-1}$$

## 2　共分散を2つの変数の不偏標準偏差で割り算し、相関係数を求める

Pearson の積率相関係数 r

$$= \frac{\text{X}と\text{Y}の共分散}{(\text{X}の不偏標準偏差) \times (\text{Y}の不偏標準偏差)}$$

$$= \frac{\dfrac{\Sigma\,(x_i-\overline{X})(y_i-\overline{Y})}{n-1}}{\sqrt{\dfrac{\Sigma\,(x_i-\overline{X})^2}{n-1}} \times \sqrt{\dfrac{\Sigma\,(y_i-\overline{Y})^2}{n-1}}} \quad (-1 \leqq r \leqq 1)$$

## 3　相関係数 r の意味

r の絶対値が 0 に近い ➡ 相関弱い
r の絶対値が 1 に近い ➡ 相関強い

一方が増えると他方も増える ➡ 正の相関、$r > 0$
一方が増えると他方は減る　➡ 負の相関、$r < 0$

**4**　回帰直線の式：Y＝bX＋a

**5**　２つの変数について、回帰係数 b を求める

$$\text{回帰係数 } b = \frac{\Sigma(x_i - \overline{X})(y_i - \overline{Y})}{\Sigma(x_i - \overline{X})^2}$$

（分母：Xの偏差平方和）

**6**　求めた b と、X の平均値 $\overline{X}$ と、Y の平均値 $\overline{Y}$ から、切片 a を求める

$$a = \overline{Y} - b \times \overline{X}$$

**7**　Y（アイス支出）のズレを、X（気温）のズレで説明できる部分とそれ以外に分解（決定係数 $R = r^2$ の計算）

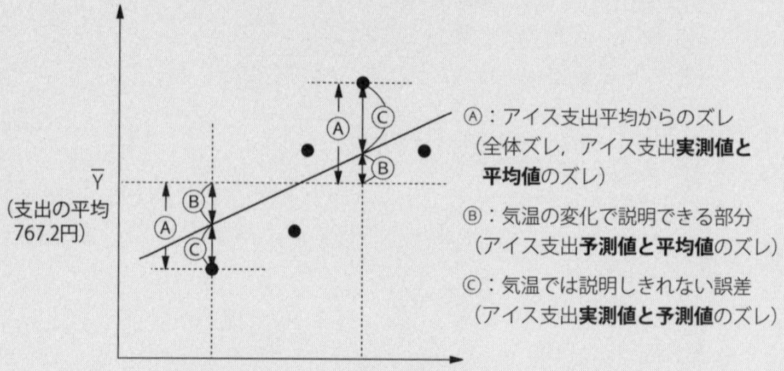


| $\Sigma(y - \overline{Y})^2$ | ＝ | $\Sigma(y_i - \overline{Y})^2$ | ＋ | $\Sigma(y - y_i)^2$ |
|---|---|---|---|---|
| y の実際の値のばらつき | | y の予測値のばらつき | | y の誤差のばらつき |
| （実際の支出の平均からのズレの２乗） | | （予測値と**平均**のズレの２乗） | | （予測値と**実測値**のズレの２乗） |

**決定係数 $R = \dfrac{\Sigma Ⓑ^2}{\Sigma Ⓑ^2}$ ＝相関係数 r の２乗**　となる。

# 10章

# まとめとして
## ――統計の誤用と活用

A こんにちは！

S こんにちは！　今回が最後の章ですね。

A ちょっと駆け足で、いろいろなトピックをお話ししてきました。最後の章は新しい手法ではなくて、「気をつけておきたいこと」をいくつかまとめてお話ししましょう。

S 気をつける、って？

A 統計の数字を使ってモノを考えることはとても大事なことです。数字を使えば説得力は増すのですが、その反面、いい加減な主張でも「それらしく」見えてしまうこともあります。

S 数字がある分、ウソもつきやすくなってしまうってことですね。

A 場合によってはわざと（故意）ではなくて、伝え手自身も分かっていないケースもあります。この本を読んでいるみなさんは、実際には、データをつくるケースよりも、誰かが出してきたデータを読むケースの方が多いと思います。その時に注意すべきポイントを、いくつか紹介しましょう。

S お願いします！

## 1 「効いた」のうしろだては何？

A まずは、2章で触れた、研究の「もっともらしさ＝**エビデンスレベル**」の話です。

S 症例報告から始まって、コホート研究やRCTがあって、一番上がメタアナリシス…でした。

A そうでしたね。例えば「××で治った人がいた！」とか、「〇〇で病気になった人が 10 人いた！」などは、根拠としては非常に弱いです。

S **前者は症例報告、後者は症例集積で、どちらも比較対照はない**ですね。だから、「××をしなかったら？」とか、「〇〇でない人も病気になるのでは？」みたいな批判には耐えられないってことですよね。

A その通りです。極端な話をすれば、**「パンを食べた人は 100% 死ぬ。(ただし 120 年後には)」のような主張だって正しい**わけです。「食べてない人はどうなの？」と疑問を投げかける姿勢は、いつも持っておいた方がいいですね。

S 主張が正しいかどうかと、主張の中身に意味があるかどうかは、切り分けて考えないとだめ…ってことですね。

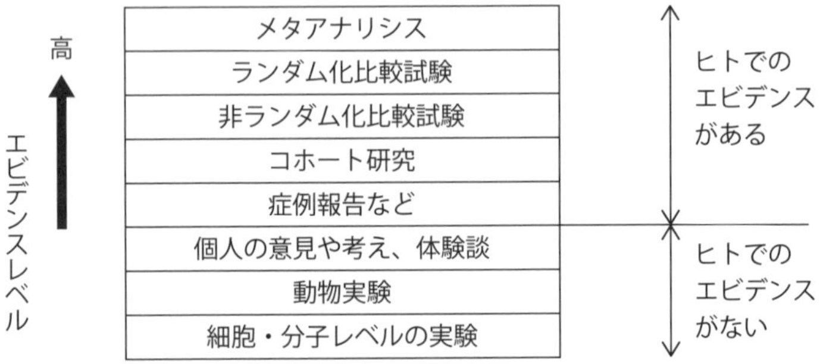


※メタアナリシス：同じテーマに関する複数の研究（RCT など）を集めて結果を統合し、ひとつの結論を出す研究。

A そうですね。さらに言えば、一見もっともらしいデータでも、実は「症例報告」にすら及ばない例も少なからずあります。

S どんな時でしょう？

A 例えば、動物実験レベルや細胞レベルの試験結果と、なんとなく「えらい」感じの先生のコメントをセットにして、「これが効く！」と示しているようなケースですね。

S あ、チラシとか雑誌広告とかで、似たようなものを見た気がします…

A もちろん「効く！」と断言してしまうと法律（薬機法）に触れてしまう

ので、うまくボカしていることが多いのですが、ポイントは「効くしくみが細胞・動物レベルで説明がつけられる」ことと、「ヒトに対して効果がある」ことは全く別だってことです。

「専門家の意見」「動物実験」のエビデンスレベルは？

| | |
|---|---|
| メタアナリシス・<br>RCT・…・症例報告 | ヒト対象のデータあり |
| 専門家の意見 | どんなに「えらい」先生の意見でも<br>ヒト対象のデータではない |
| 動物・細胞レベルの<br>基礎研究 | 科学的に説明がついても<br>ヒト対象のデータではない |
| ヒト対象データでない意見や基礎研究の<br>「エビデンスレベル」は<br>「効いた人が１人いた」の症例報告よりも下になる | |

Ⓢ 科学的に効くしくみが分かっていて、偉い先生の解説やお墨付きがついていても、**ヒト相手のデータがなかったら、「効いた人が一人いました」のデータにも及ばない**ってことですね？

Ⓐ そうですね。もちろん、分子レベルの研究や動物実験のような、基礎研究を否定するわけではありません。ただ、効くしくみを解明できたとしても、そこから先はまだまだ長い道のりがあります。「○○が効く！」「××が危ない！」のような記事を見たら、エビデンスレベルも大事ですが、まずは「そもそもヒトのデータなの？」を注意深く読みとれるといいですね。

| 飛びつく前に、すべきことは？ | |
|---|---|
| △ | 「効くしくみ」を考える |
| ◎ | 「そもそもヒトのデータなの？」を疑ってみる |
| 確認してから、拡散を！ | |

## 2　統計的に有意！…だから何？

A　さて、今度はもう少し広い話をしましょう。「$p=0.042$ で統計的に有意差があった！」「有意差があった！ $p<0.0001$ !!」のような記述、どう考えますか？

S　うーん、有意水準5％だと、$p<0.042$ はギリギリ有意だけど、$p<0.0001$ ならすごく小さいから、なんとなく $p<0.0001$ の方が「嬉しい」気がします。

A　少し前の文献とかだと、$p<0.05$ だと★、$p<0.01$ だと★★のように、小さければ小さいほどたくさん★をつけていたような例も見かけます。このような例に慣れてしまうと、どうしても**「p 値が小さければ小さいほどよい（差が大きい）！**」のように誤解してしまいます。

S　p 値の大小と、差の大小は、関係ないんでしたよね？

A　その通りです。以前の章でも説明しましたが、p 値はあくまで「もともとは差がない時に、目の前で観測された現象（よりも珍しいこと）が偶然起こる確率」に過ぎません。ですので、「偶然観測される可能性」の大小は言えても、差そのものの大小は何も言えないんです。

| p 値の解釈とは？ | |
|---|---|
| × | p 値が小さければ差が大きい<br>p 値が大きければ差が小さい |
| ○ | p 値は<br>「偶然観測される可能性」の大小 |
| p 値の大小は、差の大小とは無関係！ | |

S うーん、偶然観測される可能性は小さくても、差は大きいとは限らないってことですか？」

A 次の2組の図を見てみましょう。差そのものは、上の方が大きいですよね。

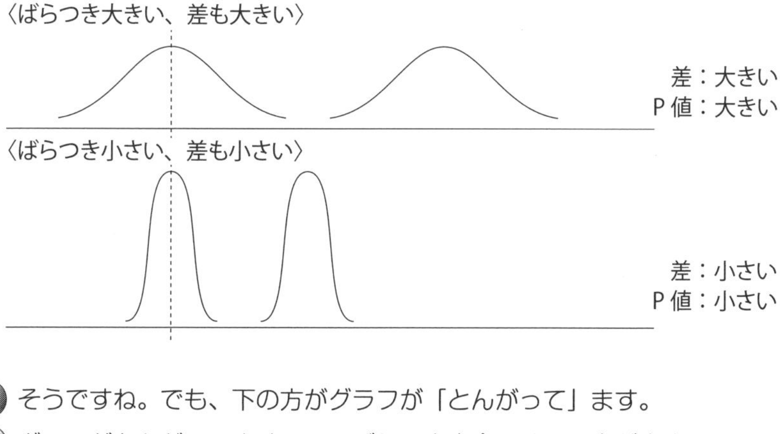


S そうですね。でも、下の方がグラフが「とんがって」ます。

A グラフがとんがってますので、ばらつき度合いは下の方が小さくなります。今まで、「どのくらい珍しい？」「どのくらいズレている？」はすべてばらつき度合い、標準偏差や標準誤差を元に測ってきましたよね？

S あ、そうすると下の例は、ばらつきが小さいから、ズレ具合としては大きくなるんですね？

A その通りです。ですから、p 値を計算すると下の例の方が小さくなってしまいます。

S でも、グラフがとがってる＝ばらつきが小さいなら、それだけキレイな、確かなデータってことにはならないんでしょうか？

A いい質問ですね。このグラフが一つ一つの標本の値そのもので成り立っているなら、今のような考え方もできるでしょう。問題は、よく実験に出てくる「平均どうしの比較」のようなケースです。平均値の差の検定の時、「素の値のばらつき度合い」でなくて、「平均値のばらつき度合い」を見積もるために、何をしましたっけ？

S えーと…あ、単なる標準偏差でなくて、**標準誤差**を求めてました。

A そうでしたね。そして標準偏差を標準誤差に変換するときには、単純に「例数のルート」で割り算してました。だとすると、例数をどんどん増やしていけば…

S 例数を増やせば、例数のルートも大きくなるから、分母がどんどん大きくなる。だとすると、**標準誤差はいくらでも小さくできる**ってことかな？

A 分子の標準偏差は、例数を増やしてもそう動くことはありません。ですから、分母の例数のルートが大きくなれば、標準誤差はどんどん小さくなってしまいますね。

| 標準誤差のワナ |
|---|
| **標本数 N を増やせば、標準誤差 = ズレ具合のものさしはいくらでも小さくなる** |
| **p 値や検定結果は標準誤差に依存**<br>**→標本数 N を増やせば、いつかは必ず有意にできる！** |

S ズレ具合が大きくなれば、統計的に有意になるし、p 値もいくらでも小さくできちゃうってことですね…

A そうですね。たとえば体重が 100g だけ減少するとか、成功確率が 1.001 倍になるとか、**実質的に全く意味のない差しかなかったとしても、どんどん例数を大きくしていけば、いつかは必ず有意に**なります。

S だとすると、「統計的に有意である」ってことだけでは、それが価値があるかどうかはわからないってことですよね。

A そんなときに大事なのは、忘れられがちな「**素の値**」、もともと観測された差や比の数字です。

S 素の値？

A 例えば「体重が 100g だけ減少した」事実があったとき、それが統計的に意味のある差かどうかは、いくらでも操作できてしまいます。一方で、「100g しか減らなかった」素の値そのものは、動かすことはできません。有意であるかどうかとか、p 値がいくつかみたいなことに気をとられず、「そもそもこの差って意味あるの？」という疑問をもつことが大事ですよ。

| 統計的な有意差と、実質的な「有意差」 | |
|---|---|
| 統計的有意差<br>（p 値由来） | どんなに小さな差でも<br>例数を増やせばいつかは有意にできる |
| 実質的な差<br>（素の値由来） | 例数を増やしても<br>素の値の差は不変 |
| 「統計的に意味のある差かどうか（p 値）」はごまかし可能<br>「実質的に意味がある差かどうか（素の値）」はごまかし不可能 | |

S もともと統計は「素の値で差があっても、偶然じゃないの？」ってところからスタートしたけど、差そのものに意味があるかは、統計任せにしちゃダメで、自分でもう一度判断しないとってことですね！

## 3 相関・回帰のワナ

A 前の章で紹介した相関や回帰にも、いろいろな落とし穴があります。

S どんなことでしょう？

A 前の章で、外れ値があるときにそのまま相関係数を計算すると、何の関連性もなくても強い相関があるように見えてしまうことは紹介しました。その他にも、「一見相関が強い」ときに注意すべきことがあります。まずは、**擬似相関**ですね。

S 擬似相関？

A 前の章で示した気温とアイスは、ある程度「気温が高いからみんながアイスを買った・低いから買わなかった」のような、**因果関係**が推察できます。では、こちらはどうでしょう？

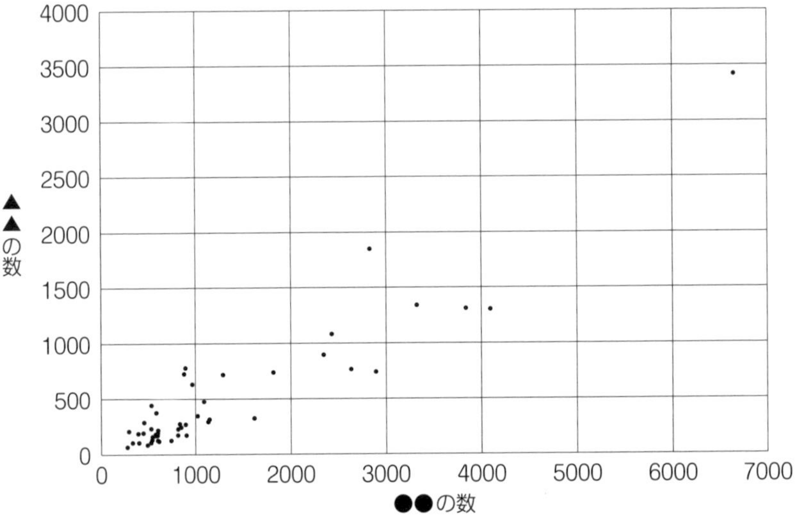


S あ、外れ値があるけど、かなり強い相関がありそうです。何のグラフで

すか？

A これは、都道府県別に「**薬局の数**」（X軸）と「**そば・うどん屋の数**」（Y軸）をプロットしたものです。ちなみに相関係数は 0.92。外れ値の東京（薬局もそば屋も一番多い）を除いても、相関係数は 0.87 です。

S え!?　別に薬局が増えたからそば屋が増えるんじゃなくて、単純に人の多いところには薬局も多いし、そば屋みたいな飲食店も多いってことですよね…

A お、気がつきました？　まさにいま指摘してもらった、「人の多さ＝人口」がくせ者です。薬局の数とそば屋の数、あるいはその逆に因果があるわけではなくて、「**人口が多ければ薬局も多い**」「**人口が多ければそば屋も多い**」の二つの因果関係が隠れていたんですね。

S 人口のせいで、本来は関係ない薬局の数とそば屋の数が、強い関連があるように見えちゃったんですね。

A 今のような例を、**擬似相関**とよびます。人口のような後ろに隠れている因子を、「第三変数」とよびます。相関係数の数字だけをどれだけにらんでも、擬似相関なのか本物の因果関係があるのかはわかりません。これも、統計の数字から一歩引いて、「本当に関連があるのは何だろう？」を考える必要があります。

| 薬局数とそば屋・うどん屋数の関係？？？ | |
|---|---|
| × | 薬局が増えたからそば・うどん屋が増えた<br>（因果関係） |
| ○ | 人口が増えれば薬局も増える<br>人口が増えればそば・うどん屋も増える<br>**（人口が第三変数の擬似相関）** |
| 相関係数の大小だけでは、因果関係はわからない | |

S わかりました。でも、今の例みたいに明らかに「人口のせいだよね」って分かるケースならばいいけど、いろんな要因が組み合わさっていて、どの要素が本当に効いてるのかを決めきれないときもありますよね？

A いい質問ですね。前の章の回帰のところでは「一つのものさし（気温）からもう一つのものさし（アイス支出）を予測する」最もシンプルな方法を話してきました。ただ実際は、世の中は複雑ですから、一つの要素だけですべてを説明できることはまれです。

S 気温だけじゃなくて、景気とか流行の経年変化とかもアイスの支出に影響する…みたいな感じでしょうか？

A まさにそうです。この本の範囲からは外れますが、「気温」「景気」「年次」それぞれの要素から、アイスの支出を予測する…このような分析を**重回帰**と呼びます。重回帰分析を使うと、「**気温や景気の影響を排除したとき、暦年のアイスの支出への影響は？**」のような予測をすることができます。もちろん、擬似相関のような数字の外にある要素は、別途考える必要がありますよ。

| 単回帰と重回帰 | |
|---|---|
| 単回帰 | 一つのものさしから別のものさしを予測<br>（気温からアイスの支出を予測） |
| 重回帰 | 二つ以上のものさしから別のものさしを予測<br>（気温と景気と年次からアイスの支出を予測） |
| 重回帰によって、<br>他の要素を固定したときのある要素の影響を見積もれる<br>（景気・年次が一定のときの気温の影響など） | |

**S** 世の中は複雑だから、単回帰ではなかなか解決できないこともあるって考えておけばよいでしょうか？

**A** うまく、まとめてくれましたね！
もう一つ相関や回帰で注意すべきは、「**相関係数・回帰係数のｐ値**」です。

**S** 相関や回帰にも、ｐ値があるんでしょうか？

**A** ｐ値すなわち検定もできますし、この本では割愛しましたが、「相関係数・回帰係数の95%信頼区間」のように、幅を持たせた区間推定もできます。ただ、ここで注意しておきたいのは、よく実験の結果などでも出てくる、ｐ値の評価ですね。

**S** この章の最初に出てきた、「ｐ値の大小と差の大小は無関係」のような話でしょうか？

**A** それももちろん大事ですが、相関・回帰のときは、「**ｐ値の大小と相関の強弱は無関係！**」と言い換えておきましょうか。

**S** 相関の強弱は無関係、とは？

**A** ポイントは、今までの検定でも出てきた帰無仮説です。相関係数や回帰係数でｐ値を出すときの帰無仮説は、「相関係数 =0」もしくは「回帰係数 =0」、すなわち**全く関連がない**状況を設定しているんです。

**S** 「相関が弱い」とかじゃなくて、「全く相関がない」なんですね。

| 相関係数・回帰係数のｐ値の注意点 | |
|---|---|
| × | ｐ値が小さければ「強い相関」「大きな回帰係数」 |
| ○ | ｐ値が小さいときに棄却できるのは<br>「相関係数ゼロ（無相関）」「回帰係数ゼロ」の仮説だけ |
| ｐ値の大小と、相関の強弱や回帰係数の大小は無関係！ | |

A そうですね。この章の最初で、差がすごく小さくても、例数を大きくすればいくらでもp値を小さくできる…という例を紹介しました。同じように、例えば相関係数が0.1とか0.2とか、回帰直線の傾きが0.001など、実質的には全く関連のないケースでも、データを増やしていけば「相関係数r=0」「回帰係数b=0」の帰無仮説は棄却できてしまいます。

S そして、p値もいくらでも小さくできちゃう、と…

A はい。「p値が小さいから相関が強い！」などと結論してしまったら、全く実態とかけ離れた解釈になってしまいます。
t検定のときのp値はある程度「なじみ」がある分、正しい解釈もそれなりに浸透しています。相関係数や回帰係数のp値はややマイナーな分、間違った解釈が起こる可能性はむしろ高いので、注意しましょう。

S わかりました！

## 4 下手な鉄砲、数打ちゃ有意…

A 検定のところでの有意水準、すなわち我慢の限界の考え方は、観測された現象の「珍しさ」が5%を下回ったら、「とっても珍しいことが起こった」ではなくて、「そもそも最初の仮定（差がない）が間違っていた」と棄却するスタイルでした。

S 5%より珍しいことは、「起こらない」って考えてしまうわけですね。

A そうですね。5%以下は起こらない！と割り切ってしまった以上、「実は差がなくて、たまたま珍しい現象が観測された。なのに『差がない』仮説を棄却してしまった」のようなミスも、5%の確率で起こってしまいます。

S ややこしいけど、**本当は差がなかったのに、『差がある』って結論しちゃう**ってことですよね？

A その通り、これを**αエラー**（**第一種の誤り**、第一種の過誤）とよびます。「あわてんぼうのα」なんて呼ばれます。

S 慌てて「差がある」って言い切っちゃうから、あわてんぼうのαか…

A このαエラーですが、1 回検定を行ってαエラーを起こす確率は、ちょうど 5% で、有意水準に一致します。

| αエラー（第一種の誤り、あわてんぼうのα） |
| --- |
| 本当は差がないのに、帰無仮説を棄却して「差があり」としてしまう |
| αエラーを起こす確率は、有意水準（5%）に等しい |

S エラーは起こさない方がいいけど、5% までは「仕方ない」って考えてたんですよね。

A はい。もちろん、「αエラーはゼロにすべき！」と主張したいわけではないんです。ここで考えるのは、「何回も検定したらどうなる？」という話題です。

S 検定を繰り返すってことですかね？

A 例えば、2 種類の介入ではなくて 3 つ以上の介入を比較するときとか、「導入後 1ヶ月・6ヶ月・12ヶ月・24ヶ月…」のように何時点か比較するときですね。あるいは、「国語の点数・算数の点数・社会の点数…」のように、複数の指標を同時に比較するなんてのも考えられます。

S …なんとなく、見えてきました。たくさん検定を繰り返したら、1 回あたりの「あわてんぼう」エラーを起こす確率が 5%だったとしても、たくさん検定してる中のどこかで起こす確率は、どんどん高くなっちゃいますね。

A その通りです！　例えば検定を 10 回繰り返したら、どこか 1 か所でもαエラーを起こす可能性は $1-0.95^{10}=40.2\%$。全く差がなかったとしても、40% の確率でどこかが有意になってしまうんですね。

S 回数を増やせば増やすほど、危険性はどんどん上がっちゃいますね。

A このように、検定の繰り返しによって「あわてんぼう」エラーを起こす確率が上がってしまうことを、「多重性の問題」もしくは「**多重比較**」と呼びます。この多重比較と、かつてよく見られた「後出しじゃんけん」が組み合わさると、研究結果はいくらでも恣意的に操作できてしまいます。

| 検定を繰り返すと… |
|---|
| αエラーを起こす確率は、検定 1 回あたり 5%<br>検定を繰り返せば、どこかでαエラーを起こす確率は上昇<br>（多重性の問題・多重比較） |
| 有意水準 5% で 10 回検定<br>→どこかでαエラーを起こす確率は 40%! |

S 後出しじゃんけん？？？

A 後出しじゃんけんは私の造語ですが、時点を変えたり、指標を変えたりして何度も何度も検定を繰り返す。そしてどこかで有意差が出たら、「4 週間後の●●と××、そして 12 週間後の△△は有意に改善した！」のように、そこだけを強調して結論を導く…のような手法です。

S ずるーい！

A 最近は後出しじゃんけんを防ぐために、「どの時点の」「どのような指標で」評価をするのかを、実験を始める前にあらかじめ決めるべき…という考え方が一般的になっています。それでも、見開きいっぱいに検定結果が並んでいて、あちこちに★や★★が散らばっている…のようなタイプの研究も、まだまだ淘汰されない状況にあります。読み手としても、しっかり研究の質を見極める必要がありますよ。

S 読み手が気をつけていれば、いずれそんな研究は少数派になっていくでしょうかね？

**A** そうなるといいですね…また、これも今回の本では範囲外ですが、多重比較の問題をある程度緩和できるような統計手法（多重比較法）も、さまざまな方法が用意されています。時間があるときに、調べてみるといいですね。

**S** やってみます！

## 5　おわりに

**A** この章の最初と、2章で扱ったところですが、「××で治った！」とか、「××が効いた！」みたいな話は、今年（2020年）は本当によくニュースになります。

**S** 日本でもそうだったんですね…。ニューヨークでも××みたいな、真偽がよくわからない話はよく聞きました。

**A** この章の本文での説明は、健康食品など、そもそも効き目があるのかがハッキリしないものを対象にしていました。今はそれだけでなくて、「この薬が効く！」「開発中のこの薬が効く！」のように、すでにある薬が話題に上ることも多いですね。

**S** えっと、アビガンとかでしょうか？　あと、名前は忘れちゃったけどアメリカの薬があったような。

**A** 代表格はいま話してもらったアビガンと、あと「アメリカの薬」は、たぶんエボラ出血熱の治療薬として開発されたレムデシビルですね。

**S** あ、それです！　それと、うがい薬もあったかな？

**A** うがい薬は、このお話をしている今（2020年9月下旬）は、どこのドラッグストアでも売り切れ状態です。アビガンやレムデシビルと違って、当然ながらどこでも買える分、人が殺到してしまったかもしれませんね。

**S** たしかに…。でも、いま出てきたものは、うがい薬も含めていちおう「薬」なんですよね。少なくとも薬として認められているんだから、健康食品とかよりは、ヒトでの試験データがちゃんと揃ってるってことじゃないんでしょうか？

A いい考え方ですね。確かに、「薬」である、薬として承認されている以上は、ヒトに対する有効性や安全性を示すデータがあったわけです。うがい薬＝ポビドンヨードはとても古くから使われているもので、承認に必要なデータはやや異なりますけれどね。
ただ注意して欲しいのは、仮にすでに薬として認められているとしても、いま話題になっているような「**新型コロナウイルス感染症に効くかどうか？**」は別ものってことです。

S どういうことでしょう？

A ある意味当然のことですが、「何にでも効く薬」はこの世にありません。ですから、「○○病の患者さんに効いた」というデータをもとに申請をして、「○○病の治療薬」として認められるわけです。アビガンならばインフルエンザ、レムデシビルならばエボラ出血熱（米国での状況）が、○○病に相当しますね。

S なるほど、だとしたら、インフルエンザやエボラ出血熱に対してはある程度根拠があると考えられるけど、新型コロナウイルス感染症に効くかどうかは、やっぱり別のデータがいるってことですね。

A その通りです。もちろん、何に対しても効果が示されていない単なる「食べ物」などよりは、自然科学的には「効きそう！」と思えるかも知れません。

S すでに効果が認められている病気と、これから示したい病気が似ていれば、効きそうですよね…。インフルエンザとコロナとか、エボラとコロナってことでしょうか。

A いい考え方ですね。ひょっとしたらこの薬が効くのでは？　とアタリをつける時に、似たような病気の薬を考えるのは、自然なことです。でも、いまあるエビデンスは、別の病気へのエビデンス。本文の図に例えれば、確かに高い山ではあるんですが、実は登りたい山が違う…という状態です。

S なるほど、そこで「**病気の性質を考えれば効くはず！**」とか、「**誰か有**

**名人が治った！**」みたいな話に流れてしまうと、結局は健康食品のときと同じ議論になっちゃうんですね。

A はい。一見、「○○病に対して承認された薬だ。よく似た△病の患者 1 人に飲ませたら、その人が治った。だから△病にも効く！」のような話は筋が通っていそうですが、△病の患者に効くの？　という疑問に対しては、やはり 1 例だけの症例報告…となってしまいますね。

S 確かに、後ろだけをとれば、ふつうの症例報告と同じですね。…でも、今は少し落ち着いてきましたけど、春先みたいな緊急時にも、やっぱり二群に分けた RCT をやらないとダメってことでしょうか？

A もちろん、緊急時にまだ承認されていない薬を、患者の同意など、さまざまな手続を踏んで投与することはできます。また、レアな病気の薬などで、そもそも 2 群に分けることすらできないようなときに、**投与した人のデータのみで承認する**こともあります。

**レムデシビル**は、「海外ですでに認められていて、感染の拡がりを抑える緊急性が高く、他にとりうる手段もない」ということで、**臨床試験のデータは後で提出する形で特例承認**されました。特例承認は非常にまれなケースで、過去に 2 例しかありませんでした。

S なるほど、素通しではなくて、後からデータを出すんですね。アビガンはどうなんでしょう？

A **アビガンは現時点では、承認のための臨床試験を企業が実施**しているところです。この試験は RCT で、飲む人と飲まない人のグループ分けは研究者側で実施しています。

S あれ、でも、この間（7 月）、何かの研究で差が出なかったってニュースを見ましたが…

A よくチェックしてましたね！　アビガンがややこしいのは、さきほどお話しした**企業が主体で、承認を得るために行う RCT** の他に、**一部の病院が主体となって実施する RCT** と、**より多くの病院が協力して実施する観察研究**が、同時に進行していました。

S うーん、すごくややこしい…1 番目と 2 番目は、両方 **RCT** だけど、実施主体が病院か会社かが違う。2番目と3番目は、両方とも病院が主体だけど、**研究のデザインが違う**ってことですね。でも、どうして全部RCTにしなかったんでしょう？　その方が、信頼性が高くなりそうなのに…

A 「できるだけ研究の質を上げる」ことを第一に考えれば、もちろんRCTのほうがいいですよね。でも、研究に参加する人からするとどうでしょうか？

S 参加する人？

A すなわち、**患者さん側の視点**です。今回の観察研究は、アビガンを投与する人だけを対象にしています。一方でRCTは、投与する群と投与しない群に分けられるので…

S あ！　当然ですけど、**試験に参加したけれどアビガンを投与されない可能性がある**んですね！

A そうですね。将来の患者さんに役立てるような、質の高いデータをつくるのが臨床試験の目的なので、仕方ない部分ではあります。ただ被験者そのものは、**非投与群のない観察研究の方が集まりやすく**なります。また、観察研究は「診療から得られたデータ」を使うという形なので、研究目的で投与する人としない人を分けるRCTよりも、**倫理審査などのハードルが低くなる**、というメリットはあります。

S 研究の質の高さをとるか、患者さんの集まりやすさをとるか、単純に「RCTをやるべき！」とは行かないんですね…

A そうですね…さじょーさんが見たニュースは、2番目の「病院主体で実施したRCT」のことでしょう。この試験では、**86人の軽症者を2群に分け、一方は初日からアビガンを、他方は6日目からアビガンを投与**しました。

S あれ、どっちもアビガン？

A おそらく、全く投与しない群をつくるよりは患者さんが集まりやすく、倫理的にも望ましいことなどを考慮した結果だと思います。効き目を測るポイントは研究開始から6日目で、遅れ投与グループが投与を始める前に測定するので、実質的には投与あり vs 投与なしのシンプルな比較になります。

S 結果は、どうだったんでしょう？

A ウイルス消失率を効き目のものさしにしたんですが、**最初から投与した群が 66.7%、遅れ投与群が 56.1%** でした。

S 10% くらい上昇しているけど、統計的には有意でなかったと…

A はい。今回の本の範囲外ですが、「ウイルス消失の起こりやすさ」を、リスク比とよく似た**ハザード比**という指標で計算しています。
点推定値だと「1.42 倍消失しやすい」となったんですが、幅を持たせると **0.76 から 2.62** で…

S リスク比と同じ考え方でよければ、1 をまたいじゃったから、起こりやすいかどうかはわからない…ってなりますか？

A はい、結果の読み方はリスク比と同じですよ。いま読み解いてもらった通り、0.76 で消失しにくくなるのか、2.62 で消失しやすくなるのか、どちらともいえない…という解釈ですね。

S 会社の RCT はどうなんでしょうか？

A 会社主導の RCT は、9 月後半に結果が発表されています。入院患者 156 名に対して、標準治療＋アビガンの群と、標準治療＋プラセボの群を比べました。ウイルスが陰性化するまでの日数でみると、アビガン群で 11.9 日・プラセボ群 14.7 日で、有意に短縮しています。さきほどのハザード比でみると、点推定値 1.59、幅を持たせて 1.04－2.48 で、やはり有意になりました。この結果をもとに、承認申請の手続が進んでいます。

S 会社の RCT では、ウイルスが消えるまでの時間を 3 日間くらい縮められたってことですね。うがい薬の方はどうですか？

A 大阪で話題になった、ポピドンヨードですね。こちらも現段階ではわからないことが多いんですが、報道から判断できる内容でお話ししますね。
「新型コロナの感染者 41 人を、**ポピドンヨードうがいあり**（1 日 4 回）

群と**うがいなし**群の２群に分けた。唾液 PCR による４日目の陽性率は、うがいあり群が 56.0%・うがいなし群が 9.5% だった」という内容です。

S あれ、幅を持たせてとか、p 値とかは？

A 報道発表資料には、統計解析に関する情報はありませんでした。もともとこの発表は、学会発表も論文公表もない状況で、「いろいろ探索的に調べてみたら、こんな結果が出た。これから、さらに掘り下げた研究を実施していく…」のような一里塚の状態でなされたものが、やや一人歩きしてしまった部分もあります。ですから、アビガン以上に、「**エビデンスはまだ乏しい、探索段階**」であることを、しっかり理解しておきましょう。

S わかりました！

A もう一つ、今後の治療薬やワクチンなどのニュースを見るときに、少し気をつけて欲しいポイントがあります。

S どんなことでしょう？

A これまでは、「効いたっていう証拠は？　その強さは？」の話をメインにしてきました。でも、もう一つ考える必要があるのが、「『効いた』ってどういうこと？」の要素です。

S え？　効いたってのは、効果があったとか、良くなったとか…ですよね。

A 少し言い方を変えましょうか。効き目の測り方って、一つじゃないですよね？

S 効き目の測り方？

A 例えば、死亡率が下がるとか、ウイルスが消えるとか、退院までの時間とか…

S あ、そういう意味ですか！　たしかに、いろいろなものさしが考えられますね。

A では、アビガンのところでも見てきましたが、「**ウイルスが消えるまでの時間**」で効き目を測るのと、「**死亡率**」や「**重症化**」の割合で測るのとで、結果の重みはどうなるでしょう？

S 重み、ですか？　それは、死亡とか重症化の割合の方が大事だと思います。

A その通りですね。質の高い研究があって、統計的に有意な差が出ていたとしても、もう一歩進んで、「そのものさしの重要性はどのくらいか？」を考える必要があります。

S 「ウイルスが消えやすいってことは、重症化も減らせるし、死亡も減らせるはず！」なんてやってしまうと、やっぱり振り出しに戻ってしまうんですよね…

A 例えば、今後出てくる（もう出ている？）ワクチンでも、「どれだけ抗体ができているか？」「発症者をどれだけ減らせるのか？」「重症者や死亡者をどれだけ減らせるのか？」どのものさしを使うかで、結果の意味合いは大きく変わります。研究の質を見るだけでなくて、どんなものさしで測っているのかまで考えられるとよいですね。

S じゃあ、大事なものさし、例えば死亡とか重症化のエビデンスがなかったら、意味がないってことでしょうか？

A 決して「全く意味がない」わけではありませんし、例えば軽症者の試験なんかでは、そもそも死亡者や重症者が少なすぎて、ものさしにできないことも考えられます。こんな時には、短期で評価できる「ウイルス消失」などのものさしを使うのも仕方ないのですが、「効き目のものさしが限定的である」ことは、しっかり押さえておきましょう。

S なんとなく、情報に「流されない」自信がついてきたかも？

A そうなれれば、願ったり叶ったりです。この本の中で勉強したことが、少しでも情報を「かみ砕く」ときに役に立てるといいですね！

S はい、頑張ります！

# 索 引

**五十嵐 中**（いがらし・あたる）

1979 年東京都生まれ。
2002 年 3 月東京大学薬学部卒業。
2008 年 3 月東京大学大学院薬学系研究科博士後期課程修了。
2008 年 4 月より、同大学院特任助教に着任。
2015 年 10 月より、同大学院特任准教授。
2019 年 2 月より、横浜市立大学准教授、東京大学大学院薬学系研究科客員准教授（現職）。

2010 年 7 月より、一般社団法人 医療経済評価総合研究所 代表。

専門は医療統計学・医療経済学・薬剤経済学。
ふだんの研究テーマは、「くすりの費用対効果」。
統計・医療制度・薬事制度・医療経済などなど、どこの大学で何の講義をしても、
「予備校みたいですね」と評価（？）される。

**佐條 麻里**（さじょう・まり）

1985 年東京都生まれ。
2008 年 3 月東京理科大学薬学部卒業。
2013 年 3 月東京大学大学院薬学系研究科博士後期課程修了。
2013 年 4 月より、マウントサイナイ医科大学博士研究員。
脳の発達の臨界期について、マウスを使って研究中。
2017 年よりコンサルタントとして起業。

統計学《とうけいがく》わかりません!!

2020 年 11 月 25 日　第 1 刷発行

著　者　五十嵐 中・佐條 麻里

発行所　東京図書株式会社
〒 102-0072　東京都千代田区飯田橋 3-11-19
振替 00140-4-13803　電話 03（3288）9461
URL　http://www.tokyo-tosho.co.jp/



ISBN 978-4-489-02339-2